新丝绸之路

城市河湖水生态综合治理

（下册）

主　编　刘　斌

副主编　王增强　农晓英　陈　莉

中国水利水电出版社
www.waterpub.com.cn
·北京·

图书在版编目（CIP）数据

新丝绸之路城市河湖水生态综合治理 ：全2册 ／ 刘
斌主编. -- 北京 ：中国水利水电出版社，2017.1
ISBN 978-7-5170-5061-2

Ⅰ．①新… Ⅱ．①刘… Ⅲ．①城市环境－水环境－生
态环境－综合治理－研究－中国 Ⅳ．①X321.2

中国版本图书馆CIP数据核字(2016)第322145号

书　　名	新丝绸之路城市河湖水生态综合治理（上、下册） XINSICHOU ZHILU CHENGSHI HEHU SHUISHENGTAI ZONGHE ZHILI
作　　者	主编 刘斌 副主编 王增强 农晓英 陈莉
出版发行	中国水利水电出版社 (北京市海淀区玉渊潭南路1号D座　100038) 网址:www.waterpub.com.cn E-mail: sales@waterpub.com.cn 电话: (010) 68367658 (营销中心)
经　　售	北京科水图书销售中心 (零售) 电话: (010) 88383994、63202643、68545874 全国各地新华书店和相关出版物销售网点
排　　版	中国水利水电出版社装帧出版部
印　　刷	北京科信印刷有限公司
规　　格	210mm×297mm　16开本　29.25印张（总）　661千字（总）
版　　次	2017年1月第1版　2017年1月第1次印刷
印　　数	0001—3000册
定　　价	280.00元（全2册）

改革开放以来，我国进入城市化快速发展时期，2000 年，我国的城市化率为
36%，2015 年我国城市化率超过 58%，到 2030 年将达到 65% 左右。党的十八
大以来，国家提出推进"新丝绸之路经济带"建设，并大力提倡生态文明建设，为
新丝绸之路沿线城市迎来了千载难逢的发展机遇。

人类自古就傍河而居，因河设市，以河为生。城市以水为载体，城市河流是一
个城市的母亲河，代表一个城市的形象，承载着一个城市的水生态环境，支撑着一
个城市的发展格局。水是生命之源，自然河流以她无与伦比的活力吐故纳新，滋养
着人类及其他生命，并孕育出灿烂的文化，所到之处，沙漠披上了绿装，蛮荒书写
着文明。然而，随着工业化进程的不断加快和人口的日益增长，人们在饱受"母亲河"
河水恩泽的同时，却不断地把河水瓜分殆尽，导致人类与河流的关系不断恶化：生
态破坏，水质污染，河道断流……随着城市化进程的加快，城市水生态环境问题越
来越突出，已成为制约城市良性发展的主要瓶颈。新丝绸之路经济带地域辽阔，特
别是河西走廊及以西地区自然环境差，属于资源性缺水地区，水资源十分匮乏，沿
线的城市河流多为季节性河流，其承载力要脆弱得多，对城市发展的影响也要显著
得多，有限的水资源和过度开发，导致城市河流或干涸、或垃圾遍布、或污水横流，
已成为城市藏污纳垢之所，与城市发展极不协调，水生态环境十分恶劣。

鉴于半个世纪以来治水实践中的经验教训以及水短缺的严峻形势，我国提出了
由传统水利向现代水利、可持续发展水利转变，以水资源的可持续利用支持经济社
会可持续发展的治水新思路，特别是党的十八大提出生态文明建设的重要指示，生
态水利成为我国水利发展的主要方向，人与自然和谐相处成为江河治理的终极目标。
城市河流水生态治理已成为历史的必然选择，建设人、水、自然和谐相处的人居环境，
成为社会可持续发展的必然。

为此，城市水生态问题在城市规划、城市建设和城市经营管理中的地位日益凸显，许多城市管理者和学术团体、科研设计单位开始研究城市治河之道，探索解决城市水生态问题之策。

陕西省水利电力勘测设计研究院（以下简称"陕西院"），作为国家甲级综合勘测设计研究单位和全国水利水电勘测设计行业 AAA 级信用等级企业，是全国目前唯一一家水土保持生态环境规划设计院。建院 60 年来，在水库枢纽、灌溉、发电、防洪、光伏、城市河道水生态治理领域取得辉煌成绩。2003 年以来，陕西院高瞻远瞩，走在水生态治理前沿，集中技术骨干，成立专门的防洪及城市河流水生态设计部门，在西北地区乃至全国范围内率先开展城市河湖水生态治理设计研究，在新丝绸之路沿线城市群规划、设计、建成了一大批城市河湖水生态修复治理工程，这些工程极大地改善了当地城市的水生态环境，支撑着当地市的良性发展，并成为各城市的生态名片。陕西院在城市河湖水生态治理领域十年磨一剑，如今，硕果累累。

新丝绸之路的沿线城市，大多缺少水体和绿地，因此，城市河流水生态治理工程力求摒弃以往传统水利工程粗、笨的外观，着力突出"水""绿"和"美"，最大可能的实现生态平衡。一个城市，有"水"，就有了灵气；有绿色，城市更加秀美。新丝绸之路沿线自然环境差，水资源十分匮乏，特别是河西走廊一带的季节性河流，具有大比降、多泥沙、洪枯水量变化大、河流干涸等特点。针对新丝绸之路沿线这一类城市水利工程，陕西院以水生态文明为指导思想，尊重河流特性，尽可能地减轻对河流系统的干扰，提出以保持河流泄洪排沙基本功能为基础，以城市防洪安全为前提，以充分节约水资源为原则，以水生态修复为重点的治理思路；以"安全、亲水、生态、文化、宜居、魅力"为治理理念，以重现母亲河"水波荡漾、碧草萋萋"为治理目标；赋予城市河流以安全性、生态性、亲水性、景观性、地域文化性等城市综合服务功能，重现"水清、岸绿、景美"的城市河流水生态廊道，构建人水和谐的城市人居环境。

十几年来，陕西院从城市河流生态治理，水库景观治理，到流域综合整治，水系综合治理，跨流域水系联通领域，规划设计成果达 30 多项，取得了丰硕的成果，特别是在城市河湖水生态治理领域短短十几年，为陕西院创建出城市水生态设计品牌，成绩斐然。目前已建成运行的城市河流生态治理工程达 13 项之多，涉及新丝绸之路沿线的西安、咸阳、杨凌、宝鸡、天水、西和、武威、张掖、嘉峪关、酒泉、敦煌等城市，分别为西安市护城河、咸阳市渭河、杨凌示范区渭河、宝鸡市渭河、甘肃天水市藉河、天水市渭河、西和县漾水河、武威市杨家坝河、张掖市高台县黑河、嘉峪关市讨赖河、酒泉市北大河、敦煌市党河，以及广州市黄埔区深涌整治等；已建成水库景观工程 4 项：陕北榆林市王圪堵水库景观、延安市南沟门水库景观规划、西安市李家河水库景观、新疆下坂地水库景观。正在规划实施的城市河流水生态治理项目主要有：西安市泾河新城、甘肃临夏市大夏河、临夏回族自治州康乐县苏家集河、天水市颖川河、天水市武山县渭河、肃北蒙古族自治县党河，咸阳市渭河二期、天水市藉河二期、张掖市高台县黑河二期、敦煌市党河二期及水系生态治理，以及陕西汉江综合整治、陕西关中水系规划、陕西斗门水库（昆明池）水利工程等水生态、水系规划、水系连通及雨洪资源利用工程。

本书按照已建城市河流综合治理工程、水库枢纽景观工程、规划设计工程三部分总结编写，每个工程的主要内容包括：①工程基本情况；②设计理念与目标；③工程规划设计；④创新与总结。

1000 多年前，东起长安（今西安）、西达罗马的"古丝绸之路"曾是连接中国与亚欧各国的贸易通道。在这条具有历史意义的国际通道上，五彩丝绸、中国瓷器和香料络绎于途，为古代东西方之间经济、文化交流作出了重要贡献。作为经济全球化的早期版本，这条贸易通道被誉为全球最重要的商贸大动脉。经过岁月变迁，21 世纪初，贸易和投资在古丝绸之路上再度活跃，国家提出发展新丝绸之路经济带，21 世纪，则是新丝绸之路经济带发展合作的"黄金世纪"。

随着我国城市化发展进程的加快，单一地进行城市河湖水生态治理已经不够，在此基础上，开展水系综合治理、水系连通、雨洪资源综合利用、海绵城市试点等，乃是城市发展和社会经济发展的重要保障。一个城市的经营和管理，应全面提升对水系综合治理重要性、战略意义的认识。

水是生命之源、生产之要、生态之基。人类治水，须感悟水，顺应水，敬畏水，方可上善若水！

刘 斌
2016年10月于西安

目 录

第3部分 规划设计工程

新疆

甘肃

青海

西藏

湖水系生态综合治理工程

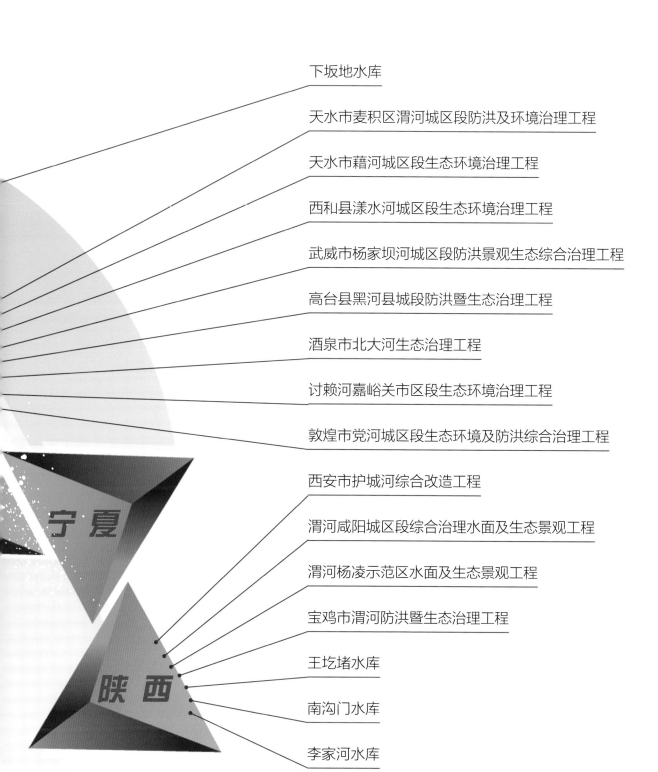

下坂地水库

天水市麦积区渭河城区段防洪及环境治理工程

天水市藉河城区段生态环境治理工程

西和县漾水河城区段生态环境治理工程

武威市杨家坝河城区段防洪景观生态综合治理工程

高台县黑河县城段防洪暨生态治理工程

酒泉市北大河生态治理工程

讨赖河嘉峪关市区段生态环境治理工程

敦煌市党河城区段生态环境及防洪综合治理工程

西安市护城河综合改造工程

渭河咸阳城区段综合治理水面及生态景观工程

渭河杨凌示范区水面及生态景观工程

宝鸡市渭河防洪暨生态治理工程

王圪堵水库

南沟门水库

李家河水库

宁夏

陕西

第 3 部分
规划设计工程

陕西省关中水系规划

1 工程基本情况
GONGCHENG JIBEN QINGKUANG ....●

1.1 地理与文化特色

关中地处陕西省中部，南北介于秦岭和北山之间，西起宝鸡峡，东至潼关，以其位居函谷关、大散关、武关、萧关四关之中而得名。关中地区地形南北高、中间低，渭河自西向东穿过盆地中部，其两侧是经黄土沉积和渭河干支流冲积而成的关中平原，地势平坦，土质肥沃，号称"八百里秦川"。《史记》中称其为"金城千里""天府之国"和"四塞之国"。关中自古是我国战略要地，是华夏文明的重要发祥地，孕育了辉煌的周秦汉唐盛世，在我国乃至世界文明史上享有崇高的地位。迈入新的历史时期，作为亚欧大陆桥的中心，西部大开发的桥头堡，丝绸之路经济带的新起点，关天经济区的核心区，一带一路战略重要节点，和国家内陆改革开放新高地，关中肩负着承东启西、连接南北，带动陕西、引领西部发展的历史重任。

1.2 流域自然条件

关中地处中纬度暖温带半干旱地区，具有明显大陆性季风气候特点。多年平均气温 7.8 ～ 13.5℃，极端最高气温 42.8℃。多年平均降水量 647.6mm，时空分布不均，7—10 月降水量占全年的 60% 以上，年际之间降水量相差 3 ～ 4 倍，降水地域分布南多北少，西多东少。

关中地区流域面积在 10000km^2 以上的河流为黄河、渭河、泾河及北洛河。渭河较大支流有 16 条，南岸自西而东依次有清姜河、清水河、伐鱼河、石头河、西汤峪以及黑、涝、沣、灞河等 9 条。北岸有通关河、小水河、千河、漆水河、泾河、石川河、北洛河等 7 条，其中泾、洛河是渭河两条最大支流。南岸支流多发源于秦岭北麓，源短流急，水丰质良，北岸支流流经黄土丘陵沟壑及高原区，源远流长，含沙量高。河流洪水一般由暴雨形成峰高量大，泾、洛、渭河上游为暴雨多发区，也是泥沙的主要来源区，占全年 90% 以上来沙集中于 6—9 月汛期。

1.3 水系现状及存在问题

关中地区地势广袤平坦，历史上曾经水草丰茂、沃野千里、草木花香、生态良好，被文人墨客描绘为"渭水银河清，横天流不息"。关中地区因其优越的自然条件史称为"金城千里""天府之国"，同时以八百里秦川著称于世，创造了周秦汉唐盛世。秦时建设的郑国渠、汉唐时建设的渭河漕运和长安城供水都居于世界领先地位，后来的"关中八惠"开创了我国近现代水利建设的先河。建国后，全省人民在渭河及其支流以及黄河干流上建设的一大批灌溉、供水、防洪工程，基本奠定了关中地区现代水利工程的大格局。特别是"十二五"以来，陕西省委省政府为解决日趋紧张的缺水与严峻的防洪问题，举全省之力抓紧实施了渭河综合治理、引汉济渭调水两大具有里程碑意义的水利工程。同时加快推进另一项同样具有里程碑意义的泾河东庄水利枢纽工程的前期工作，开创了全省水利建设的新局面。但结合新时期治水思路及水生态文明建设要求，关中水系尚存在以下不足。

1.3.1 水资源开发利用程度高，但调蓄能力与水源工程相互连通不够

截至目前，关中地区修建了冯家山、石头河、黑河金盆等水库工程，宝鸡峡、泾惠渠、东雷抽黄等引提水工程，马栏引水、引冯济羊等区内连通工程，以及引乾济石、引湑济黑等省内南水北调工程（即区内与区外连通工程），初步形成了以自流引水为主，蓄、引、提、调、井相结合的供水体系，为关中地区发展提供了基本的水源保障。

但从工程建设及各类工程供水量占总供水量的比重可以看出，现状地表水源以无调蓄能力的提、引水工程为主，具有调蓄能力的蓄水工程可供水量仅占关中总供水量、地表水供水量的18.3%和37.5%，调蓄能力不足，供水保证率低。虽然形成了几个局域连通的灌溉供水网络，但区块之间缺乏连通，余缺互补性差，无法保证供水安全和实现水资源的高效利用。

1.3.2 防洪体系不完善，洪水调控、排沙减淤与蓄滞洪区设施建设滞后

随着渭河综合治理主体工程的建成及重要支流、中小河流治理工程的建设，区内有了高标准的堤防工程，设防标准的洪水可以得到有效预防。但渭河干流受地形及陇海铁路高程限制，不具备修建控制性防洪水库的条件。规划的泾河东庄防洪减淤水库，对渭河下游控制洪水有较好的效果，尚处在前期工作阶段；蓄滞洪区因土地等问题制约，目前仅在二华夹槽地带建设有一处工程，缺乏防洪调蓄工程以及柔性的分滞洪区设施等，在水资源极为紧缺的条件下，难以满足管理洪水并使其资源化，进而服务于改善生态环境和经济社会发展的需要。

1.3.3 水环境及水生态恶化问题依然突出

（1）水质仍存在不达标问题。关中地区河流水质尚未达到功能区要求，达标率仅为46%。其中渭河干流水质达标率为35%，仅宝鸡境内河段全部达标，咸阳、西安、渭南段均存在不同程度污染超标。黄河小北干流水质全年基本水功能区要求为秦岭72峪水质达标率81%，其中峪口以上多数河段水质基本达到Ⅱ类，峪口以下存在不同程度污染超标；泾河、石川河及北洛河等水质达标率仅10%～20%。

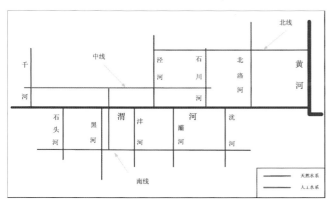

关中水系基本框架图

泾河东庄水利工程设计效果图

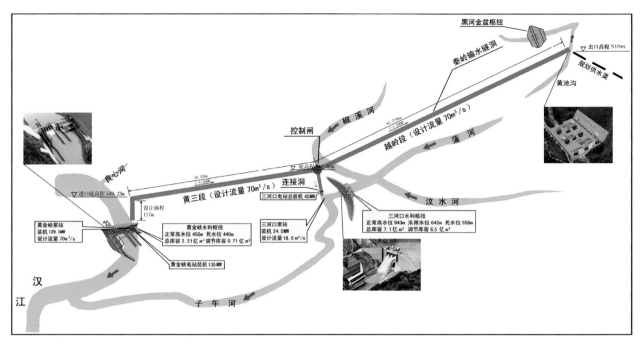

引汉济渭工程总体方案布置示意图

（2）污染物排放总量仍然很大。2013年关中废污水入河量6.72亿 m³，主要污染物COD年入河量17.15万 t，占全省总入河量的77.3%，氨氮年入河量1.27万 t，占全省总入河量的70.5%。根据全省江河水功能区纳污能力和限排总量控制方案，规划年关中纳污能力COD为7.95万 t，氨氮为0.43万 t，现状污染物入河量远超过水系纳污能力。

（3）已建成污水处理设施没有充分发挥效益。近年来，通过实施《陕西省渭河流域综合治理五年规划（2008—2012年）》《渭河流域水污染防治三年行动方案（2012—2014年）》《陕西省渭河全线整治规划及实施方案》等，关中所有设区的城市、各县城及主要工业园区均已建成了污水处理厂，设计处理能力373万 t/d，污水处理率70%。但由于部分污水处理厂建成后运行经费紧张和监管不力，实际运行效果不佳，有近四成污水处理厂超排，部分县城污水处理厂因污水管网配套工程不完善甚至未投入运行，仍有相当多的污水未经处理直接排入河道。

（4）再生水回用率仍然偏低。多数污水处理厂未配套建设再生水回用设施，部分回用设施也因成本等问题难以正常运行。目前，关中地区再生水回用量仅9万 m³/d，占关中地区总供水量的0.6%。

（5）生态水严重不足。关中属资源性缺水地区，为满足不断增长的工业和城镇生活用水，不得不挤占河道生态用水，现状共挤占河道内生态用水约4亿 m³。造成渭河干流枯水期林家村、咸阳、华县断面流量仅2m³/s、5m³/s、8m³/s，不能达到8m³/s、15m³/s、12m³/s 的最小生态流量要求，枯水年径流量只有42亿 m³，小于河道内生态环境低限用水量51亿 m³；北岸支流千河、漆水河、石川河、北洛河等下游段及秦岭72峪峪口以下河段枯水期常出现断流，流域水生态系统严重恶化。

（6）生态湿地严重不足且保护不力。截至2013年，关中已建成人工湿地28处，总面积48300hm²。由于关中地区人口密集，工业、农业、商贸服务等产业发达，交通路网建设迅猛，湿地保护和经济社会发展矛盾相对突出，农业生产、交通基建、城市建设侵占湿地，以及水质污染、生态用水紧缺等都对湿地生态系统造成一定程度的破坏。多年来，湿地保护和建设投入不足，导致部分湿地和生物栖息功能逐步退化。

（7）地下水超采依然存在。经过近几年的压采治理，地下水超采状况有所缓解，宝鸡、咸阳、西安、渭南等超采区的地下水位均有所回升，但总体仍没有恢复到超采前的历史水位。目前，关中地下水超采区面积达 1220.4km^2，年均超采量 4893 万 m^3，城市地裂缝、地面沉降等环境地质灾害没有明显改观。同时，少数地下潜水水质受到污染。

1.3.4 水景观及水文化建设的潜力没有得到充分挖掘

关中地区滨水空间的建设速度在逐年加快，西安、宝鸡、杨凌、咸阳、铜川等城市相继建成了浐灞生态区、金渭湖、咸阳湖、沈河等河道水面景观，以及杨凌水上运动中心以及西安大唐芙蓉园、曲江南湖、汉城湖等河道外水面景观，对城市环境改善发挥了重要作用。但景观文化建设存在以下问题：河道治理缺乏统一管理及整体规划，忽视了河流景观的连续性、系统性，难以实现良好的景观效果；景观建设观念滞后，河流生态遭到破坏，部分河道水体呆滞；河岸亲水性差、地域特色不明显，缺乏"乡愁感"；水文化产品结构较为单一，资源开发利用不足。

1.3.5 水系管理缺乏相应的政策法规体系与数字化监测体系

水系管理和公共服务体系不完善，管理手段和设施尚待加强。水系管理法规体系尚不完善；管理信息化建设、科学研究支撑体系、水文化建设、公众参与流域管理的方式和制度建设等方面还很薄弱，尚需进一步加强。

2 规划理念与目标
GUIHUA LINIAN YU MUBIAO ....●

2.1 指导思想

全面贯彻党的十八大及十八届三中、四中、五中全会精神和《中共中央国务院加快推进生态文明建设的意见》，以习近平总书记"节水优先、空间均衡、系统治理、两手发力""山水林田湖是一个生命共同体""走生态优先、绿色发展之路"等系统治水方针为统领，树立创新、协调、绿色、开发、共享的发展理念和尊重自然、顺应自然、保护自然的生态文明理念，坚持从单纯治水向系统治水、从刚性治水向柔性治水、从部门治水向协同治水的根本转变，加快山河江治理，实施大水大绿工程，修复水生态，改善水环境，提高水系对供水、防洪、生态的保障能力，打造山清水秀、河畅湖美的美好家园。

2.2 基本原则

（1）坚持人水和谐、科学发展。尊重水系的自然属性和经济社会发展规律，处理好水资源开发利

陕西省斗门水库内外湖方案鸟瞰图

用与保护的关系，按照水域的自然形态，充分发挥生态系统的自我修复能力，因水制宜，工程、生态和管理措施并重，有效改善关中水资源时空分布不均局面，促进水系良性循环。

（2）坚持节水优先、保护优先。切实把节水贯穿于经济社会发展和生产、生活全过程，提高水资源利用效率和效益，以最少的资源消耗支撑经济社会持续发展。把水资源保护放在优先位置，实现在发展中保护、在保护中发展。

（3）坚持空间均衡、系统治理。依据关中区域功能定位，紧密结合流域水资源和河湖水系特点，以生态文明建设为统领，全面审视人口、经济与资源环境关系，在新型工业化、城镇化和农业现代化进程中，处理好人与水的关系，做到人与自然和谐。遵循山水林田湖是一个生命共同体的理念，以系统化思维，搞好水生态的恢复和利用。河流治理要上下游兼顾、干支流并重、系统化治理。

（4）坚持依法治水、强化监管。以水法、水污染防治法等为依据，改革创新，完善水资源、水生态保护等法规制度，按照最严格水资源管理制度的要求，强化河湖水系监控，提高监管能力。

2.3 规划目标

通过自然水道修复，实施人工水道连接，实现水资源的联通、联控、联调，形成关中地区多线连通、多层循环、生态健康的柔性水网体系，全面提升河湖、湿地、滩涂、草地等生态系统稳定性和生态服

卤阳湖效果图

务功能。到 2030 年，构建起纵横成网、河湖相连、渠库相通、百库千塘、湿地成片、湖泊镶嵌、绿树成荫的生态格局，重现"长安大道沙为堤，早风无尘雨无泥"的历史美好风貌，实现"水润三秦、水美三秦、水兴三秦"的宏伟蓝图。

3 水系规划设计
SHUIXI GUIHUA SHEJI ....●

3.1 总体规划

3.1.1 水系格局

关中水系建设，以渭河自然水道为主轴，南岸以秦岭 72 峪等支流河道为依托，构建湿地、湖泊、水库、池塘实施蓄洪滞洪，北岸以宝鸡峡引渭、泾惠渠、渭惠渠、洛惠渠、东雷抽黄等水利工程为主体，通过渠、湖、库、池联通，在渭河南北两岸形成两条柔性人工水道，加上古贤供水线路、引汉济渭输水干线及东庄水库供水线路，形成南、中、北三条人工水系通道，与天然河湖水系共同构成关中"四横十纵"骨干水系格局。

以渭河自然水道为主轴，由南线构成渭河南岸人工水道，中线和北线构成渭河北岸人工水道。渭河南岸人工水道以石头河、黑河、涝河、大峪、石砭峪、浐灞河、零河和尤河等南山支流为基础，以石头河宝鸡供水、黑河西安供水、引汉济渭南干线等管线为依托，将石头河、黑河金盆、梨园坪、斗门、李家河、尤河等水库以及渼陂湖等湖泊、湿地、蓄滞洪区连通。渭河北岸人工水道以千河、漆水河、沮河、大北沟、泾河、石川河、北洛河、浕水、黄河干流等河流为基础，宝鸡峡引渭、冯家山、羊毛湾、泾惠渠、交口抽渭、洛惠渠、东雷抽黄等灌溉渠道以及东庄、古贤等供水线路为依托，将林家村渠首、冯家山、王家崖、信义沟、羊毛湾、大北沟、泔河、东庄、桃曲坡、石堡川、薛峰等水库，富平石川河地下水库以及卤阳湖、双照湖等湖泊、湿地连通起来，形成渭河北岸人工水通道和渭北湖泊群，相当于在渭河北岸再造一条"渭河"。

3.1.2 总体布局

河流上游地区以及河堤、库岸植树种草绿化，固沙涵水，改善生态环境。中游地区布置建设蓄洪水库、江河湖库连通工程、引洪淤灌工程等，提高雨洪资源调控利用能力。秦岭峪口以上减少人工干预，着力恢复自然修复能力。河流下游河滩、支流河口、秦岭72峪口及污水入河口修建人工湿地，确保每个县区至少有1处湿地，处理后的污水排入河道前必须先进入湿地降解净化。黄河小北干流滩区、渭河及其他有条件的河流河滩、河槽，建设水面和湿地工程，堤外低洼荒地建设蓄滞洪区或湖泊水面。加大城镇和工业污水处理力度，杜绝污水不经处理直排入河，大幅降低入河排污总量。全面推进海绵城市建设，加大雨水资源利用，缓解城市内涝，有条件的城镇河段，建设滨水公园、水面景观等休闲和健身设施，改善人居环境。每个乡镇至少建设1处湖泊水面，有条件的乡村恢复和建设蓄水塘坝涝池，充分利用雨水和再生水资源，促进乡村环境改善。

3.2 分项规划

结合关中实际，规划的重点工程包括蓄洪工程、富平地下水库、连通工程、生态水保障工程、生态湿地、林带建设、污水处理及再生水利用、地下水保护、水景观及水文化工程、信息化工程等。

3.2.1 蓄洪工程

关中地区在建及规划的水库93座，其中大型3座（东庄水库、亭口水库、富平地下水库），中型25座，小型65座，形成总库容44.99亿 m^3；规划建设渭河干流、黄河小北干流及其他河流蓄滞洪区8处，共增加蓄滞洪容积1.32亿 m^3，估算年可滞蓄洪水1.35亿 m^3；规划恢复和新增陂塘涝池8094处，新增蓄水容积0.33亿 m^3，估算年可增加蓄水量0.60万 m^3。

海绵城市建设规划以西咸新区为试点，逐步向其他城市、新区、工业园区及开发区推广。对新建的工业园区等按照《海绵城市建设技术指南》等要求设计；对城市建成区、已成的工业园区等，结合实际情况进行城市排水体系规划，扩大城市海绵体，提高年径流总量控制率。

3.2.2 连通工程

目前关中在建的引调水工程主要有引红济石、引汉济渭、渭南市抽黄供水工程等，规划的有引嘉济清、黄河古贤引水、引清济沈工程等42处，其中引水工程31处，调水工程3处，提水工程8处。

3.2.3 生态用水保障工程

生态用水保障工程主要包括生态引调水工程、生态水库及再生水回用等，共可增加生态水量8.14亿 m^3。通过实施引汉济渭、引红济石、引冯济羊、马栏引水等跨流（区）域调（引）水工程，通过置换减少对当地水资源的利用，加之调引的区外水使用后回归增加区内河道水量，达到间接置换补充当地水系生态水量约5.61亿 m^3；建设宝鸡市小水河水库、宝鸡市银洞峡水库（引嘉济清）、西安市斗门水库、秦岭 72 峪蓄洪水库等生态水库工程，调蓄河流洪水过程，改善关中水资源时空分布，增加渭河流域河道枯水期生态用水量约 1.53 亿 m³；通过再生水利用设施建设，提高再生水利用率，新增再生水回用能力 90 万 t/d，年向生态补水 1.0 亿 m³。

3.2.4 生态湿地

在关中地区共规划天然生态湿地 225 处，其中湿地自然保护区 4 个、湿地公园 32 个，其他生态湿地 189 个，秦岭 72 峪的峪口生态湿地 45 处，总面积 9.90 万 hm²，水域面积 4.98 万 hm²，估算可蓄水量 1.5 亿 m³。另外，还规划在污水厂入河排污口处河段，利用空闲地建设入河排污口人工湿地 146 处，总面积 67hm²。

3.2.5 生态林带

规划在渭河干流、黄河小北干流沿堤防两岸建设防护林、防浪林和行道林，林带总长 1100km，造林面积 9600hm²；在秦岭 72 峪开展退耕还林和营造水源涵养林等，营造水源涵养林 60000hm²。总计形成森林面积 6.96 万 hm²。

3.2.6 污水处理及回用

规划共新建、扩建污水处理厂 279 座，新增处理规模 290 万 t/d，直接排入渭河、黄河干流的污水厂入河排污口水质应达到《黄河流域（陕西段）污水综合排放标准》一级标准。至 2030 年关中城市再生水利用率达到 40%，配套建设再生水处理回用工程 159 处，新增再生水回用能力 90 万 t/d，年向生态补水量达到 1.0 亿 m³。

3.2.7 地下水保护

主要采取地下水压采、回灌等补充措施。利用跨流域调水工程的地表水置换当地地下取水量，总计压采地下水超采量 0.5 亿 m³；采用废弃水井等设施建设地下水回灌工程 26 处，总计回灌水量 8057 万 m³/a。

3.2.8 水景观

在保证防洪安全、保护生态资源的基础上，以自然水系及人工水系为载体，建设涵养生态、修复生境、尺度宜人、风景优美、与周边环境和谐统一的景观系统，打造"水润西安""水秀咸阳""山水宝鸡""水乡渭南""水耀铜川"等地域特色的景观体系，共计规划水景观工程 802 处，形成水面面积 1.37 万 hm²。

3.2.9 水文化

水文化建设主要以流域文化和区域文化为切入点。流域文化主要体现灿烂文明黄河文明源远流长的渭水文化等；区域文化根据地域不同历史特点，打造"汉唐文化、八水长安"——西安（西咸新区）水文化、"周秦源头，渭水神韵"——宝鸡水文化、"秦风汉韵、渭河古渡"——咸阳（杨凌）水文化、"人文荟萃，黄渭交汇"——渭南（韩城）水文化、"耀瓷故里，漆沮交融"——铜川水文化等五大主题板块。

3.2.10 信息化

建设包含采集监控体系、信息通信网络、数据资源中心、应用服务平台等的基础架构，包含决策服务平台、综合业务应用体系的业务应用体系，以及由实体运行环境、信息化标准体系、安全体系、建设及运行管理、政策法规、运行维护资金和人才队伍等要素共同构成的保障环境。

4 创新与展望

CHUANGXIN YU ZHANWANG ....●

4.1 创新

关中水系规划是党的十八大关于生态文明建设战略部署、习近平总书记新时期治水方针以及省委、省政府"聚集水、留住水、涵养水、用好水"等精神的忠实贯彻。同时实行最严格水资源管理制度，严控用水总量、用水效率和水功能区限制纳污"三条红线"，坚持三个转变的一项战略性规划，旨在对关中水系的开发、治理、保护、管理等进行全面部署，力求实现河湖水系的防洪、供水、生态、景观文化等功能。既要通过水系联通、统一调配和信息化等工程建设和现代化管理手段，打造安全、健康、优美智慧的关中水系，并通过规划设施实现在渭北再造一条"渭河"，把关中水系打造成生态文明建设的亮点和"美丽陕西"的支撑。

4.2 展望

规划实施后，关中地区安全、健康、优美、智慧的水系基本建立，将有力地支撑关中经济社会发展，区域气候环境进一步改善，生态环境更加优美，让人们望得见山，看得见水，记得住乡愁，从而树立保护生态、人水和谐、热爱家国的高尚情怀。

（1）供水安全保障能力显著提升。关中水系规划实施以后，供水能力将大幅度提升，用水效益和效率大幅度提升，供水安全得到全面保障，以安全的水系支撑关中经济社会可持续发展。到 2030 年新增供水能力 20 亿 m^3，总供水能力达到 80 亿 m^3 以上，可支撑 30000 亿元 GDP。

（2）功能完备的防洪体系基本建立。渭河综合治理二期工程全面完成，东庄水库及蓄滞洪区、河湖湿地、中小水库、陂塘涝池建设与主要支流、中小河流、病险水库治理取得重大进展，基本形成水库调蓄、冲沙减淤、蓄滞截留、湿地吸纳以及社会管理等措施相结合的防洪体系，大中城市、重要集镇和乡村达到国家规定的防洪标准。

（3）主要河湖生态水量基本保障。一批调引水工程、生态水库及再生水回用工程等生态用水保障工程建成后，再生水和雨洪资源调蓄利用能力显著提升，可新增河湖生态水量 8.14 亿 m^3，渭河林家村、咸阳、华县断面最小生态流量分别不小于 $8m^3/s$、$15m^3/s$、$12m^3/s$。

（4）生态修复能力显著提高、河湖水质明显改善。新建人工生态湿地 371 处、湿地面积 9.9 万 hm^2，人均增加湿地面积 $42m^2$。城镇污水处理能力达到 290 万 t/d，基本满足城镇污水处理需要，污水直排入河现象基本消除，河流生态修复能力基本恢复，主要河流水质明显改善，渭河水质不低于Ⅳ类，基本实现渭河变清。

（5）有利于黄河干流的综合治理。通过规划水系治理工程及跨流域调水工程，可削峰滞洪减轻渭河及黄河干流防洪压力，改变径流年内分配，增加枯水期生态流量，减少入河泥沙，改善入黄水质。

关中水系规划效果图

（6）水系环境面貌更加优美、滨水休闲场所更加丰富。关中地区建设以"水润西安""水秀咸阳""山水宝鸡""水乡渭南""水耀铜川"为主题的水景观，新增河堤湖岸绿化带 30 万亩，新增昆明池、卤阳湖等水面景观 802 处，水面面积 13719hm²，人均新增水面面积近 6m²。渭河生态长廊、大批城市湖泊水面及滨水休闲、健身、文化公园陆续建成，河堤湖岸绿树成荫、绿地连片，水系面貌更加优美，滨水休闲、健身、文化场所更加丰富，水清、岸绿、景美的水生态环境将基本形成，对提升城市品位与改善人居环境将发挥重要作用。

昔日天府之国，万邦之首，当今丝路起点，经济重轴。通过全面系统的水系规划治理，实现关中生态系统良性循环。关中地区必将呈现"秦岭为屏，渭水为脉，山环水绕，水景相依"的美好景象，助力陕西实现新的腾飞！

陕西省西安市斗门
水库工程

1 工程基本情况

GONGCHENG JIBEN QINGKUANG ....

1.1 工程背景

斗门水库工程是"引汉济渭"输配水工程的调蓄水库,是一座调蓄"引汉济渭"工程来水,兼顾城市生活供水,沣河防洪及改善生态环境的水资源综合利用平原水库。斗门水库属三等中型水利工程。由外湖、内湖、围坝、应急引水建筑物等组成。

斗门水库占地面积约 10.4km²,库周总长 14.76km,相当于西安明城墙一周。设计范围包括水库的内、外湖、围坝、内湖引水管线、内湖供水管线、外湖分洪渠、内外湖交通管理道路等。水生态设计的内容是斗门水库外湖的环湖公共服务带的生态景观设计,内湖的外岸线、引水渠及退水渠的生态景观及沟通外岸环湖大道与内湖堤坝之间的三座景观桥梁。

1.2 地理地貌

斗门水库位于西安市中心城区西南郊,在秦岭北麓黄土台塬与渭河南岸滨河平原之间的长安区斗门镇,距西安市中心约 20km。

西安市的地貌特点南高北低,相差悬殊。秦岭山脉横亘南境,山脉主脊构成西安市境与陕南的分界,山脊高度海拔 2000 ~ 2800m,自西而东呈波浪式缓降。与秦岭遥相对应的则是从市境北端流过的渭河,流经境域的 2/3 以上河段成为西安市与渭北的分界。渭河河床是西安市地势最低的轴线,入境处周至县江心滩海拔 442m,到临潼县南弋村(槐李村)出境处河床海拔 345m,与太白山相比,高差达 3422m,平原山地界限分明。秦岭山地与渭河平原是西安地貌的主体。

西安市境内海拔高度差异悬殊位居全国各城市之冠。巍峨峻峭、群峰竞秀的秦岭山地与坦荡舒展、平畴沃野的渭河平原界线分明,构成西安市的地貌主体。西安城区便建立在渭河平原的二级阶地上。

1.3 当地文化

西安是历史悠久的世界历史文化名城,是举世闻名的世界四大文明古都之一,居中国古都之首,是中国历史上建都时间最长、建都朝代最多、影响力最大的都城,是中华民族的摇篮、中华文明的发祥地、中华文化的代表。远古时代,"蓝田猿人"就在这里繁衍生息,新石器"半坡先民"在此建立部落,公元前 11 世纪,周文王在沣河两岸建立丰镐二京,从此揭开了西安千年帝都的辉煌史。这里还有着 3100 多年的建城史和 1200 多年的建都史,先后有周、秦、汉、唐等 13 个王朝在这里建都,有"秦中自古帝王州"的美誉。西安曾经是中国政治、经济文化中心和最早对外开放的城市,著名的丝绸之路以西安为起点。"世界八大奇迹"之一的秦始皇陵兵马俑则展示了这座城市雄浑、厚重的历史文化底蕴。

悠久的历史文化积淀使西安享有"天然历史博物馆"之誉。文物古迹种类之多，数量之大，价值之高，在全国首屈一指，许多是国内仅有、世界罕见的稀世珍宝。

斗门水库是在原昆明池遗址上修建的，昆明池是我国历史上的第一座人工湖，当时汉武帝为了讨伐南方昆明国训练水军，解决长安城蓄水供水问题，在周秦沼池的基础上开凿兴建，是秦汉"上林苑"主景区。昆明池经历沧桑变化跨越了 2000 多年的历史。从开始的演练水军基地到皇家游览胜地，从建立汉长安城蓄水供水水库，到大型水体为核心休闲游览观光地，开创了我国园林建设的历史先河，美丽的景色一直持续了约千年，晚唐时干涸。浩瀚的昆明池，曾经何等的辉煌，最终却消失于人们的视野。昆明池从文人骚客吟唱诗经到牛郎织女天下百姓爱情故事的起源地，一副副壮丽画卷，展示了汉唐盛世的丰功伟业。

1.4 气候水文

西安属暖温带半湿润大陆性季风气候，四季分明，气候温和，雨量适中。春季温暖、干燥多风；夏季炎热多雨，多雷雨大风天气；秋季凉爽，气温速降，秋淋明显；冬季寒冷，多雾、少雨雪。

斗门水库项目所在区域为历史上昆明池遗址区，这里地势低洼，昆明池原貌隐约再现，周边宽旷，村庄稀少，环境优美，在沣河秦渡管理站处，河水流域面积大，水流量大，水质良好，源源不断地汇入渭河。沣河系渭河右岸一级支流，发源于秦岭北侧沣峪鸡窝子以南，由南向北流，于咸阳市秦都区沣东镇渔王村汇入渭河。沣河流域地势东南高、西北低，南边是呈东西走向的秦岭山脉，东部为塬谷相间的黄土台塬，西部为冲积平原。

西安市属东亚暖温带半湿润大陆性季风气候区，主要特点为四季分明，冬长夏短，冬夏温差大，雨热同季，夏季常出现暴雨，冰雹和旱情，冬季寒冷干燥，春秋季气温波动大。多年平均气温为 13.3℃，绝对最高气温 41.7℃，绝对最低气温 -20.6℃，市郊区多年平均风速 2.2m/s，多东北（NE）方向，土壤冰冻最大深度 45cm。降水量极不均匀，平均降水量为 597.2mm，最小年降水量 285.2mm（1995年），最大年降水量 876.8mm（1983 年），雨季集中在 7—9 三个月份，约占全年降水的 53%，在雨季常发生暴雨。

2 规划理念与目标
GUIHUA LINIAN YU MUBIAO ⋯⋯⋯⋯⋯⋯⋯⋯⋯⋯⋯⋯⋯⋯●

2.1 规划理念

规划以"保护优先、科学修复、合理利用、持续发展"为基本原则，将斗门水库建设成为集一处蓄水、历史文化展示、旅游、休闲度假、服务为一体的综合性服务设施。彰显昆明池历史文化特色，体现独特的文化价值，赋予它应有的历史地位和影响力，才能赋予昆明池真正的灵魂。在生态环境安全的前提下，改善附近生态环境质量，充分展示汉唐历史风貌，尤其西汉一代之风貌，景点的布设与文化内涵、建筑风貌及周围环境景观上应有明显的西汉特色。开展民俗文化活动，发挥其中华传统道德礼仪上的浸润作用。

2.2 规划目标

"以池为源，打造滨水活力之城；鉴古融今，打造文化魅力之城；天人合一，打造生态宜居之城"是斗门水库生态文化景区的三大目标。设计结合昆明池水军训练基地、皇家园林、水产养殖、供水与漕运四大历史功能精髓；结合现代都市功能，依托镐京遗址、昆明池遗址两大历史文化资源，将历史功能和现代功能进行融合演绎，创造历史文化生态重地，展现昆明池独特魅力。

昆明池是应当时的政治军事、长安水运、市民用水、汉长安城上林苑的发展需要而开凿的，对中国古代都城池苑发展史产生了重要而深远的影响，是中华民族重要的文化遗产。应深入研究发掘、全面认识昆明池的历史功能，以保护好昆明池文化遗产为前提，合理利用昆明池文化遗产为基础，促进西安城市发展，提高城市品位、改善城市环境，突出西安市历史文化特色。

当今的西安，其城市规模、人口数量、经济活动等与 2000 多年前的汉长安城不可同日而语，两者对城市用水的需要量有极大的不同，水源的多少在某种程度上制约着西安的发展。应大力保护昆明池遗址，恢复昆明池的水库功能，服务于建设世界大城市这一目标。昆明池遗址作为当年都城"水库"功能的恢复，再现中华民族都城发展史上的恢弘历史景观，有助于提高古都西安的历史文化地位，促进西安市的人文化、科学化、生态化、现代化的城市建设。

斗门水库的建成，与西安南部曲江池、北部汉城湖、东部广运潭形成东西南北四个方位、各具特色的生态人文大水面，有力地推进大西安"山水之城"绿色生态格局的建立。

3 工程规划设计
GONGCHENG GUIHUA SHEJI ....●

3.1 总体规划

斗门水库水生态规划总体方案构思是以外湖水面生态涵养、保育为前提，以休闲娱乐、亲水、运动等设施的发展为带动，发挥斗门水库外湖生态景观带的最佳效益。依托水利条件，在总体布局上采用"两环、两湖、三带、两线"的格局方式进行布置。

"两环"指外湖、内湖的交通道路。外湖水库外岸环湖路包括两道：①是斗门水库的交通大道，除交通功能外，环湖大道的功能还有文化廊道，意在保护、展示古昆明池进出水口、池岸结构和建筑遗址等历史遗存;②是景观生态廊道,采用园林造景手法,构建层次鲜明、结构合理丰富多彩的景观廊道。内湖环道宽 50m,防止内湖水源受污染,满足水库管理需求,解决内部管理交通需要。

"两湖"即内湖、外湖,内湖为水源地,外湖为蓄滞洪区。

"三带"即"绿带""蓝带""彩带"。"绿带"为内湖外岸生态保护带,减少外围人类活动对水源区的干扰,构建的生态廊道,用来维持水平生态过程的连续性,植物搭配结构要合理,80m 绿化种植湿地对内岸水质进行保护。"蓝带"为外湖水体生态涵养带,维护生态平衡,通过自然生态与空间统筹,实现生态良性循环,促进经济发展与自然生态保育的共生,实现区域的可持续发展。针对区域生态环境问题,在排除干扰的基础上,保护和恢复生物多样性,维持生态系统结构的完整性,实现对区域生态环境问题有效控制和持续改善的空间格局。"彩带"为外湖内岸生态修复带,主要是隔绝城市污染,局部利用地形做雨水净化通道,外湖作为湖面景观主体,有游船、湿地小岛等,为人们提供休闲、观光、体验场所,与周边规划相协调,沿外岸布置"七夕情侣公园""华夏百家苑"游乐休憩广场等。生态修复带用连通性好的植被、水体要素构成,自身具有生物多样性保护,降解污染物,是生态源区的联系通道,也是重点规划设计的联系纽带,保证生态廊道作用的发挥,宽度设计在 80~100m 以上,在生态敏感区或重要生态功能区,应更大一些。

"两线"即引水渠、退水渠,利用洪水的通道,形成两条水景观风情带,灰色基础设施与生态绿色基础设施进行协同整合,形成一体化的景观基础设施,是城市形态的形成、发展和演变的框架。引退水渠不仅有效地解决洪水问题,同时也成为斗门水库边上的一道亮丽风景线。

3.2 分项规划

以斗门水库为中心的系统水利工程,充分利用了秦岭北麓充沛的水资源,不但保障了城市供水,也优化了西安的生态环境,提升了自然景观。内外湖借鉴自然保护区理论中常用的圈层保护模式,即"核心区—缓冲区—实验区"的划分与利用模式,在外湖与内湖之间建立缓冲区,达到对外不良生态干扰的屏蔽,对内湖水源的保护和过渡。

内湖为饮用水源地,水源引自引汉济渭输配水工程南干线,用于向西咸新区沣东新城、沣西新城供水,同时作为西安市除黑河水库外的备用水源地。外湖为沣河的蓄滞洪区,洪水资源化从而"激活"西安水系。以往治洪都以防治为主,斗门水库则将沣河的洪水和雨洪留下来,变成可利用的水资源,将成为西咸新区建设生态文明的重要一环,同时也是娱乐、戏水区。在外湖与内湖之间,规划设计三条管理通道,即东、西两座交通桥和北侧的北堤。

外湖坝顶宽为 20m,满足环湖交通需要,临水侧坡比较缓,在进行生态景观设计时,根据功能需要对坡比进行调整,灵活运用。外湖面积范围大,为确保水质安全,运行时需要外湖水体流动和水体及时更新置换,防止水质污染。

3.2.1 内湖坝顶

内湖为水源重地,系统由引水管线、内湖、分水管线、退水管线等组成,库容 2400 万 m³,规划

总平面图

斗门水库鸟瞰图

设计面积为 3.5km²，坝顶宽度为 50m，内侧坡比 1：5，外侧坡比 1：8，内外湖围坝高差 4.0m。内湖坝顶靠外湖侧 40m 范围内进行绿化，行道树沿道路单侧种植，在 40m 的绿化带内，植物种植以成片、成组为主，形成植物生态群落。设置 7m 的交通道路，方便管理维修，靠内湖侧为 3m 绿化带，以常绿植物种植为主，避免落叶、落果对内湖水源的污染。

3.2.2 外湖岸景观

外湖为蓄滞洪区，外湖岸线共布置"一进、三退"通道。一进是沣河分洪渠道；三退是沣河退水、太平河退水、沣惠渠退水。通过外湖工程系统向外湖、沣河、太平河、沣惠渠及"八水润长安"中西北部湖泊等水系连通，实现对沣河分洪、洪水和雨洪蓄滞利用，以及沣河水自外湖"穿堂过"的吞吐型功能。外湖连通水系、改善生态环境、提升城市品位，促进区域经济社会发展。斗门水库外湖湖岸是以生态功能为第一位，对项目所在区的区域内环境、气候改善起着重要的作用，它不仅保持水岸土壤的稳定性，还兼顾保护内湖水源的安全，因此，外湖外岸生态景观是整个湖体区域重要的生态环带。岸线的规划设计也进行了独特的构思，通过软质硬质的结合丰富驳岸形式，弱化了硬质驳岸对水体的禁锢，又构成了一种亲水空间。

3.2.2.1 外岸线

结合斗门水库片区城市总体规划、所在片区的历史文化，为人们提供旅游、休闲服务。外湖岸线生态景观设计将以东半部湖面设计为景区核心，围绕湖面，东部华夏百家苑，南部为休闲度假区，西侧有民俗风情区，北部为七夕情侣文化公园。

（1）华夏百家苑。该区域周边为商业综合用地，主要功能是现代高端服务，设在斗门水库的东部，以弘扬中华传统优秀文化为宗旨，以中华姓氏文化、华夏民族同心同德、同宗同族为主题，打造中华百家姓氏文化精品园。以碑亭、人物雕塑为主，展示汉唐诗词歌赋中华姓氏文化及当代大师书画作品、雕塑大师作品，配置名贵花草树木等。为华夏中华民族千年复兴建功立业之民族英雄竖碑立德，开创全球华人保护文化遗址之典范，并成为中华复兴及爱国主义教育基地。华夏百家苑的建设具有深远的历史意义和现实意义。

（2）休闲度假区。该区域紧邻高新区，商务及外事活动活跃，主要为特色商贸、外事会展商务活动，使市民在休憩中了解本土商业文化知识，感受本土商业文化氛围，促成传统文化与新观念之间的和谐并存。在濒临湖滨地带，设置 2m 宽的园路，可供游人亲水活动。随着湖岸的形状设计弯弯曲曲的河岸水生态景观，一层一层退台，形成台阶形式，部分设置绿化，既提供了休息区域，也丰富了湖岸线。在湖岸边设置沙滩，既可以游玩，又可以观赏。

（3）民俗风情区。该区域远离市区喧闹，紧邻沣河生态廊道。规划有疗养院，在喧闹的都市环境中创造一处"闹中取静""情景交融"的绿色空间。滨水绿带满足不同的功能空间，可以远远地观景，也可以休闲地散步，也可以亲水嬉戏。滨水廊架与周边植物的搭配，显得十分安详宁静。在绿带内，设计有汉唐时期民俗风情的小品景观，让汉唐民俗风情情景再现。木栈道联系着滨水区域，卵石浅滩保持了原有的自然特色，且充满了自然的姿态。人性化的设计让人们在这片区域舒适地享受温暖的阳光。生态游泳池，无需人为投加药剂，利用纯粹物理的方法来杀菌、除藻，人在游泳池中可以感受到自然水体的清凉。

（4）七夕情侣文化公园。该区域设在斗门水库的北部，采用法天思想，按天上银河左牵牛、右织女的布局，在两侧设计牵牛、织女雕像。牛郎织女的神话传说由天上来到人间，在中华大地广为流传，属于民间流传最早的爱情故事，同时形成了影响巨大的七夕节，历史文化根基非常深厚。牛郎织女传说和七夕传说是国家级非物质文化遗产，具有深厚的文化价值，历史悠久、流传广泛、主题永恒，具有唯一性、独特性。对此保护与开发，可弘扬中华民族传统文化，推动旅游经济发展。因此打造"七夕情侣文化公园"以鹊桥相会、七夕传统民俗为主线，由天河、鹊桥、乞巧市、百戏楼等众多景点组成，集游览、观赏、休闲、娱乐、婚庆和度假等功能于一体，为推动中国特色情人节的发展搭建平台。

3.2.2.2 内岸线

内岸线坝坡坡比 1∶8，为安全坡比，以保护水源为主，坝坡种植接近水位高程的以净化水质的水生植物为主，水位以上及靠近堤岸以地被、花灌木、乔木种植为主，乔木可选择柳树，柳树有纤细下垂的枝条，柔软细腻，随风摆动，远远望去，植物与水中的倒影，形成实与虚的对比犹如一道绿色的屏障。内岸线严禁游人靠近，避免污染内湖水源。

3.2.3 湿地及生态绿岛

在外湖西侧，规划为民俗风情区，在湖中规划湿地岛屿，生态良好的湿地区域，水资源丰富，是水禽类等鸟类栖息的优良环境，减少人为干预，改造栖息环境，加大对水禽类等鸟类的吸引力度，让这里成为鸟儿的天堂。

对湿地绿岛水域堤岸进行改造，把陡峭堤岸改成缓坡；在水域设置多个大小不一的安全岛供鸟类栖息，安全岛留有裸露泥涂，种植部分芦苇、菖蒲等水生植物及少量树木；在岛上放置倒木，为鸟类筑巢提供条件，吸引鸟类前来定居。

3.2.4 引水渠景观

引水渠总长度为 4.33km，断面为梯形断面，上口宽为 100m，下口宽为 40m。力求自然与人工巧妙的结合，体现中国古典园林的设计风格，在河道比降允许的情况下做景观跌水。亭、廊、休憩广场设置于充盈的水边，让古城人们体验一下江南小镇的生活感受。

木质观景平台设计与湿地之中，让人在此停留，享受大自然带给人们的视觉感受。九曲木栈道蜿蜒于水边与湿地中，在人们闲暇之余，来聆听大自然的潺潺流水声及鸟儿清脆的歌声。

3.2.5 退水渠景观

退水渠总长度 1.96km，断面为复式断面，带状平台以上坡比 1∶5，渠底宽度为 3m，上口宽65m，进出口高程相差 4.2m。堤坡生态景观设计从构成主义中借鉴来的点、线、面的组合，穿插生成自由流动空间，不追求对称性，而在乎一种和谐的平衡。平面体现着简洁的构成规则，空间却是多变和多重的。在材料的利用上以沣河的块石为主，减少了运输费用。

3.2.6 交通桥景观

结合平面布局形式，在内外湖之间架起三座沟通内外湖的交通桥梁，即东桥、西桥、北堤。

引水渠景观
效果图

退水渠效果图

廊桥效果图

节点效果图

彩虹桥效果图

（1）仿古桥（方案一）。采用九曲桥的设计风格，曲折迂回，增加桥的趣味性，成为一个重要观赏点。桥上系仿古式、通透型风雨廊柱，设计长度为50m，宽度为12m，在桥与内湖的围坝处，设计一座观光塔，塔的造型风格为仿古样式，游人通过交通桥到达观赏塔，在塔上能够俯瞰斗门水库全景。在管理上游人只能进入塔内，不能到达围坝上。该桥、塔以其古朴典雅的外观与外湖秀丽的自然风光遥相呼应，相辅相成，来来往往的游船在桥下穿梭，成为斗门水库上一道亮丽的风景。

（2）现代桥（方案二）。交通桥采用现代的设计手法及现代时尚的材料，设计一组富有动感、飘逸的彩虹桥，彩虹桥凌空与湖水之上，高低起伏如凌空飘舞的彩带，外形轻盈飘逸，赋予斗门水库的时代潮流气息，游人行走在彩虹桥上漫步，可观赏斗门水库周围美景。

（3）北堤。北堤采用堤与拱桥相结合的形式，拱桥造型优美，曲线圆润，富有动态感，采用九孔，连接内湖与外岸，丰富了湖的层次，保证湖水的流动，游船的通行。

4 创新与总结
CHUANGXIN YU ZONGJIE

4.1 创新

4.1.1 退水渠堤坡块石的应用

利用河道中现有的块石，经过严格挑选，做成石笼，笼子采用不锈钢、镀锌粉或粉末涂层的钢丝网板，用螺旋黏合剂或环紧固件连接到一起，形成矩形的形状，进行几何形式的摆放。笼石安装方便、使用时间长，美观，又节约成本，便于维护，显得质朴不张扬，同时又兼具景观功能。

4.1.2 堤坡设计

与以往堤坡不同，调整堤坡坡比，有的坡比较缓、有的较陡、有的为垂直挡墙，有的水上部分较缓，

北堤效果图

水下较陡。同一处坡比，比例不同，从而改变原来生硬的堤岸线，丰富了堤坡景观，有利于营造多样化的景观。

4.2 总结

斗门水库建成了以昆明池为中心的包括蓄水、引水、相结合的供水、园林、城壕防护与航运等多种功能的综合水利系统。斗门水库的建成，将两城的防洪标准提升到 300 年一遇，成为保障沣东、沣西两城安全的重要措施。对西安市南郊的自然环境尤其是水文环境带来重大影响。昆明池遗址景区包含着丰富的历史文化内涵。昆明池、镐京遗址、周灵王台、普贤寺等历史遗迹、文物古迹为昆明池遗址景区奠定了丰厚的历史底蕴；遗址景区奠定也体现了浓郁的北方黄土文化特性，质朴的乡土建筑、自然地农耕生活，有别于南方秀美水乡的浩荡之水文化的展示，都是遗址开发旅游业的资源保证。

4.2.1 复兴昆明池，助于推动汉文化的回归

古都西安最辉煌灿烂的历史集中在周秦汉唐时期，如今秦、唐时期的历史已经重放光彩，而周、汉时期文化的展现则相对显得轻一些。昆明池作为汉朝璀璨文化的代表，应当在展示汉文化方面有所作为。斗门水库将打造以汉文化为主题的环湖旅游、休闲度假胜地，具有良好生态环境的人居天堂和区域第一居所。深度挖掘昆明池的水文化、名人文化、民俗文化，进行主题开发，体现现代生活中传统汉文化的回归，打造具有汉文化特色的环湖旅游、休闲、度假胜地和具有国际水准的汉文化主题旅游目的地。景区以水为载体，结合水岸空间网络，提供以汉文化和生态为主题的多元化滨水活动。昆明池打造汉文化的旅游目的地和汉文化展示窗口，吸引全球华人回归汉文化，成为华夏文明精神家园的重要基地。

4.2.2 改善城市环境，提升城市品质

以文化、休闲功能为主，兼顾历史文化、平衡区域生态、调节微气候等功能，构建水岸生活，支撑西安生态宜居国际化大都市定位。斗门水库外湖还将对调整当地农业结构发挥积极作用，土地传统作业与水产综合养殖相比，可以让当地农民明显增收，同时旅游、度假、餐饮和各种水上活动将得以兴盛，渔业、水产和水生植物也可以相应发展。将为高新科技产业园创造良好的投资环境，经济效益和社会效益是难以估量的。

4.2.3 打造万人居住的田园新城

斗门水库的建成，必将带动周边的地价，势必导致房地产业的兴起，在水库周围，将形成田园小城。建立合理的住房供应体系，住房发展基本达到总量平衡，结构合理，以常住人口为基数，合理确定城市政策性住房的需求总量，农民的生产生活都在该区域内解决，通过良好的生态环境营造为农民提供优秀的人居环境，同时通过农业产业、旅游产业、文化产业三产带动，解决农民就业问题。

4.2.4 弥补城西缺景缺水的空白

斗门水库不仅可以拉动旅游产业发展，还可以彻底改变西安缺水现状，强化古城之肺，调节西安局部气候，对净化、湿润空气有明显的效果保护西安地区生态平衡和水资源流失，解决西安地表沉陷，地裂缝扩展，引进外援水的问题，对西安市长期有效地实施保护和可持续发展具有深远意义；彻底改变西安市的形象，为西安的旅游业增加强大的经济增长点；为西安提供一个良好的水域面积，其周边湿地为鸟类生息繁衍、越冬栖息地，与秦岭林海形成一个良好的生物场，为西安的分洪、防汛、抗旱提供良好条件。

昆明池的重现，成为西安市的一个亮点，重现昆明池"列观环之"的盛景，传承汉唐皇家园林的传统文化精髓，使之成为中国历史上皇家园林的又一处学术典范，彰显古都西安深厚的历史文化，实现引水进城，优化城市生态环境，营造旅游休闲胜地，推动旅游产业发展，增加了城市的绿肺功能、创造低碳生活增添光彩。并成为西咸生态田园新区和国际化大都市的重要窗口和引领区。

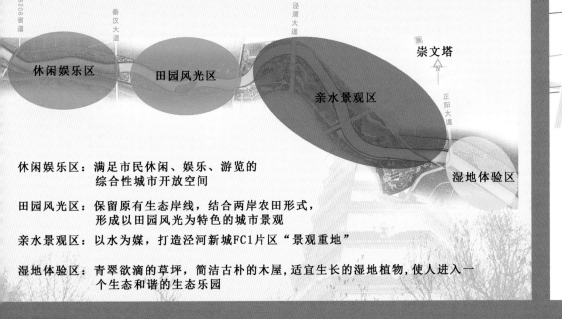

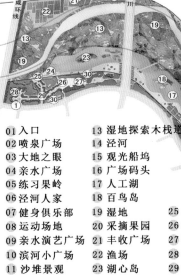

休闲娱乐区：满足市民休闲、娱乐、游览的
　　　　　综合性城市开放空间

田园风光区：保留原有生态岸线，结合两岸农田形式，
　　　　　形成以田园风光为特色的城市景观

亲水景观区：以水为媒，打造泾河新城FC1片区"景观重地"

湿地体验区：青翠欲滴的草坪，简洁古朴的木屋，适宜生长的湿地植物，使人进入一
　　　　　个生态和谐的生态乐园

01 入口　　　　　　13 湿地探索木栈道
02 喷泉广场　　　　14 泾河
03 大地之眼　　　　15 观光船坞
04 亲水广场　　　　16 广场码头
05 练习果岭　　　　17 人工湖
06 泾河人家　　　　18 百鸟岛
07 健身俱乐部　　　19 湿地　　　　　25
08 运动场地　　　　20 采摘果园　　　26
09 亲水演艺广场　　21 丰收广场　　　27
10 滨河小广场　　　22 渔场　　　　　28
11 沙堆景观　　　　23 湖心岛　　　　29
12 滨河露天咖啡　　24 跌水码头　　　30

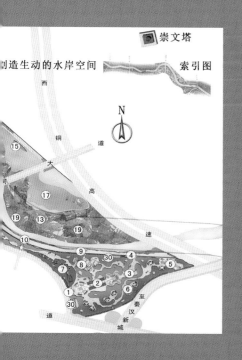

创造生动的水岸空间　索引图

崇文塔

陕西省泾河新城泾河防洪及生态治理工程

1 项目基本情况

XIANGMU JIBEN QINGKUANG ....●

1.1 工程背景

2014 年 1 月 6 日，国务院批复同意设立陕西西咸新区。西咸新区位于陕西省西安市和咸阳市建成区之间，区域范围涉及西安、咸阳两市所辖 7 县（区）23 个乡镇和街道小事处，规划控制面积 882km²。西咸新区是关中—天水经济区的核心区域，区位优势明显、经济基础良好、教育科技人才汇集、历史文化底蕴深厚、自然生态环境较好，具备加快发展的条件和实力。

泾河新城为西咸新区"一区五城"之一，南距西安市中心 28km，西南至咸阳市中心 27km。泾河新城地处西安大都市主城区北缘，南临秦汉新城及经开区、东接泾渭新城、北枕三原县、西靠空港物流区，为未来大西安北部拓展区的核心。包括泾阳县的泾干、永乐、高庄（部分）三镇和崇文乡，总面积 146km²，规划建设用地 47km²。

2011 年 8 月泾河新城管委会正式挂牌成立，泾河新城建设的最终目标是建设西安国际化大都市统筹城乡发展示范区和循环经济园区。泾河新城现状人口 13.64 万人，2015 年人口规模控制在 30 万人左右，2020 年人口规模控制在 47 万人左右。2015 年城市建设用地控制在 32km² 左右，2020 年城市建设用地控制在 47km² 左右。

1.2 自然条件

泾河是渭河北岸最大的一条支流，亦是关中地区三大河流之一，发源于宁夏回族自治区泾源县境内的老龙潭，自西北向东南流经宁夏、甘肃以及陕西三省（自治区），于陕西省高陵县陈家滩汇入渭河，整个流域大致呈扇形分布，总体地形呈西北高、东南低之势。全流域面积 45421km²，干流全长 455.1km，河道平均比降 2.47‰。

泾河穿越泾河新城段长约 17.5km，为泾河干流的下游段，该区域多年平均降水量为 527.4mm，多年平均气温 13.1℃，极端最高气温 49.3℃，极端最低气温零下 17.8℃，相应风向西南（SW），最大冻土深度 24cm。

泾河属雨源型河流，径流量主要由降水补给，为多泥沙河流。工程区多年平均径流量 16.3 亿 m³，主要集中在汛期（6—9 月）。多年平均悬移质输沙量 1.72 亿 t，其中 7—8 月占年输沙量的 80%；泾河新城防洪标准为 100 年一遇，相应洪峰流量为 13910m³/s。

工程区内泾河河道比降约 1.3‰，河道多呈蛇曲状，河床及漫滩宽度变化较大，窄处约为 150m，宽处可达 1000m，漫滩一般高于河床 3 ~ 7m，宽度约 100 ~ 1500m，一级阶地可达 1 ~ 6km，前缘一般高于河床 5 ~ 14m，地形平坦，由于沿河开采砂，砾石，河床及漫滩地形变化较大，形成了很多坑、壕。规划堤防位于泾河两岸的高漫滩及一级阶地前缘。

泾河新城河道现状

1.3 工程现状及存在问题

　　泾河新城城区段两岸除已建修建花池渡段左岸堤防（1.934km）、马家窑段左岸堤防（2.535km）外，均为天然河岸,基本无防洪措施,且两岸局部塌方、水流冲刷严重。已建堤防防洪标准为30年一遇洪水。为了泾河新城城市防洪安全，泾河两岸防洪工程急需建设。

　　泾河新城河段位于泾河干流下段,由于泾河属多泥沙河流,汛期洪水峰高量大,非汛期干旱少水,多年来，没有进行河道整治，常年大部分滩面裸露，河道内杂草丛生，农民无序开垦种植、采砂现象十分严重，这与周边的环境极不协调，与当地居民要求改善生态环境的愿望相悖，与泾河新城的城市新貌和产业地位不适应，影响了泾河新城的整体形象，制约着城市经济的发展。随着城市的建设和人民生活水平的提高，对生态环境的改善要求越来越迫切，因此，改善该河段生态环境已成当务之急。

2 设计理念与目标
SHEJI LINIAN YU MUBIAO ....•

泾河新城为新型城市，城市赋予了泾河新的使命，同时泾河也承载着泾阳的历史。河道治理应依托历史，体现城市的发展。

2.1 设计理念

（1）满足泾河新城河段两岸防洪安全要求。
（2）适应现代化城市水利要求，建设集防洪、水利、旅游休闲等多功能为一体的城市河流生态景观。
（3）遵循人水和谐的治水理念。
（4）因地制宜，富有地域文化特色。
（5）体现泾河新城田园都市的特色。

2.2 设计目标

泾河新城段泾河，上起修石渡大桥上游 1.0km，下至泾河包茂高速公路桥，治理长度约 17.5km。

工程的主要任务是修建堤防工程、中水控导工程，疏浚整治河道，在保障河道行洪，保障城市防洪安全的前提下，利用现状河滩修建滩地公园、湿地公园，美化、亮化两岸堤岸，构建滨河生态园区，以期恢复河道生态功能，体现人和自然的亲和性。

通过本工程的建设，营造优美的城市河流生态景观，旨在该区域营造出水（泾河河道）、园林（滨河生态公园）、桥（跨泾河桥梁）、路等为一体，富有泾河新城地域特色的优美景区，形成泾河新城一道靓丽的滨河景观带。

因此，本工程的功能定位首要是防洪，其次修建滨河生态公园，改善城市河道生态环境，把泾河新城段泾河建成集防洪、水利、旅游休闲等多功能为一体的环境优美、风景秀丽、地域特色和历史文化特色鲜明的园林化景区。

3 工程规划设计
GONGCHENG GUIHUA SHEJI .... ●

泾河新城段泾河河道防洪暨生态治理工程是一个系统工程，涉及城市河道防洪、泥沙、蓄水、两岸景区美化和开发、污水排放等综合性项目。

根据工程区段泾河的特性，通过对该河段特性分析，结合多年来河道治理设计的经验，经过现场查勘和分析研究采用中水整治＋滩地公园方案。

3.1 水工设计

（1）中水控导工程。结合滩地地形条件，控导护滩工程采用磨盘坝，磨盘坝的间距为 1 ～ 10 号为 50m，其余坝间距为 75m，坝顶高程按中水水位以上 0.5m 控制，磨盘坝基础下深到深泓下 4m。右岸布设 3 处共 79 座磨盘坝，左岸布设 3 处共 66 座磨盘坝。

为加固迎流段，沿每组磨盘坝的 1 号坝向上游延伸至堤防布设格宾垫护坡，长度 150m，坡比 1 ：2.5。

（2）黄土台塬天然岸坎。右岸修石渡大桥上下游均为黄土台塬，根据实际地形条件，本次设计利用右岸 6.5km 黄土台塬段天然岸坎作为堤防，抵御 100 年一遇洪水。

（3）堤防主流靠岸段。临水侧坡比为 1 ：3.0，同时在百年洪水位以下 6m 设 2m 宽平台，平台以上堤身采用 30cm 厚格宾笼防护，并覆土植草，平台以下部分采用 M10 浆砌块石护坡；堤顶宽度为 8.0m，背水侧以 1 ：3.0 的缓坡与堤防外地面连接，采用草皮护坡。

（4）堤防主流远离堤线段。临水侧坡比为 1 ：3.0，滩面以上堤身采用 30cm 厚格宾笼防护，并

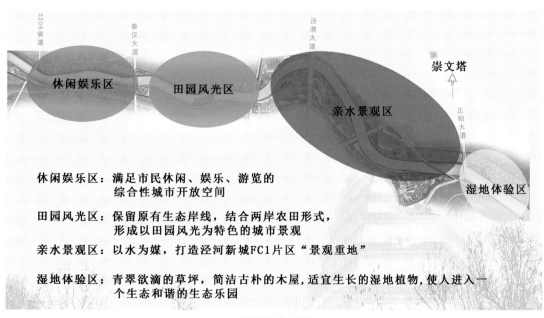

总平面分区图

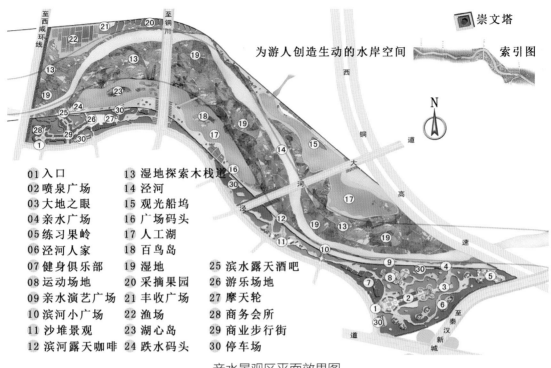

崇文塔

为游人创造生动的水岸空间

索引图

N

01 入口   13 湿地探索木栈道
02 喷泉广场   14 泾河
03 大地之眼   15 观光船坞
04 亲水广场   16 广场码头
05 练习果岭   17 人工湖
06 泾河人家   18 百鸟岛
07 健身俱乐部   19 湿地   25 滨水露天酒吧
08 运动场地   20 采摘果园   26 游乐场地
09 亲水演艺广场   21 丰收广场   27 摩天轮
10 滨河小广场   22 渔场   28 商务会所
11 沙堆景观   23 湖心岛   29 商业步行街
12 滨河露天咖啡   24 跌水码头   30 停车场

亲水景观区平面效果图

覆土植草，滩面以下部分采用 M10 浆砌块石护坡，护坡厚为 500mm，护坡基础采用 M10 浆砌石，堤顶宽度为 8.0m，背水侧以 1：3.0 的缓坡与堤防外地面连接，采用草皮护坡。在沿河道布置的各滩地公园区域内，结合两侧景观设计，以景观手法在梯形断面及浆砌石护坡的基础上，间隔变化边坡型式，可间隔采用缓坡式、直墙式、台阶式等多种型式，既满足防护功能又美观。

马家窑段堤防加高培厚段，堤顶宽度由 6.0m 增加为 8.0m，并按照 100 年一遇标准，沿堤防背水侧进行加高培厚处理。断面形式同新修堤防。

3.2 景观设计

景观设计以两岸大堤内主河槽两侧滩地为主。泾河记载着泾阳的历史、人文等，被赋予特定的、独特的内涵，泾河新城定位为"田园城市"，因此景观设计以"绿色、健康、生态"理念，挖掘泾阳丰富的历史文化内涵，展现地方特色，打造泾河周边绿地景观，提升城市文化品质，塑造未来城市形象。

景观带规划布局以泾河新城城市总体规划为依托，构建"一河两岸、两区两园八景"的功能布局。一河以泾河为主轴带；两区两园为休闲娱乐区、湿地体验区、泾水湖公园、湿地花卉公园；八景（自东向西）包括：休闲娱乐区的芦花漫步、荷塘月色；泾水湖公园的湿地探索、泾水湖风光；湿地花卉公园的景观梯田、百花园；湿地体验区的原点风情、湿地美景。

结合泾河新城分区规划图及用地性质，FC1 片区是泾河新城，泾河生态廊道一心一廊的服务核心区，是本次设计的重点，因此，亲水景观区是整个沿河景观设计的"强音"和高潮。

4 创新与总结
CHUANGXIN YU ZONGJIE ....•

　　工程采用中水、洪水整治方案，在稳定河势的前提下，在中水治导线与堤防之间规划滩地公园。滩地公园可结合控导工程进行布置，不但有效利用滩地，而且安全性也较高。

　　在沿河道布置的各滩地公园区域内，结合两侧景观设计，以景观手法在梯形断面及浆砌石护坡的基础上，间隔变化边坡型式，可间隔采用缓坡式、直墙式、台阶式等多种型式，既满足防护功能又美观。

　　景观工程措施主要为景观生态修复和景观湿地营造，通过挖掘、延续城市的历史，并赋予特定的、独特的内涵。使泾河沿河景观带，犹如一篇优美的乐章，强化节奏，避免单调平淡，突出景观设计的重点，展现地方特色。打造泾河周边绿地景观，提升城市文化品质；塑造"田园城市"的未来城市形象。构建"一河两岸、两区两园八景"的功能布局。

陕西省西安市临潼区
城乡水系规划

1 工程基本情况

GONGCHENG JIBEN QINGKUANG ....●

1.1 地理及自然条件

    临潼区是西安市的直辖区，是古都西安的东大门，是世界著名历史文化名城西安的重要组成部分，也是以自然风景、历史文化及文物旅游为特征的现代化国际旅游城市。近年来，临潼区确立以西安为中心的发展思路，积极参与西安都市圈的分工协作，作为西安市未来东翼副中心，国际著名旅游地，中国知名休闲度假胜地，按照西安市"建强创佳"的总体要求，提出了"创中国旅游名城、建西安经济强区"的发展目标。临潼区位于关中腹地东部，为大陆性暖温带半湿润季风气候，四季冷暖分明，雨热同季，森林覆盖率为7.4%，水土流失面积为524km²，占土地总面积的57.3%。临潼境内的自然灾害以旱、涝为主，风、雹、虫灾次之，旱灾是本区农业生产中最突出的灾害。临潼区境内有大小河流10条，均属渭河水系，包括渭河干流及其9条支流，其中渭河干流为过境河流。渭河北岸支流有石川河，为入境河流;渭河南岸支流众多，由西向东依次为韩峪河、三里河、临潼河、五里河、沙河、玉川河、戏河、零河等8条河流均汇入渭河。其中零河为界河。临潼区南山8条支流目前普遍存在中下游河道萎缩、河道淤积堵塞、防洪排涝能力低、水污染严重、环境恶化等问题。临潼区多年平均降水总量

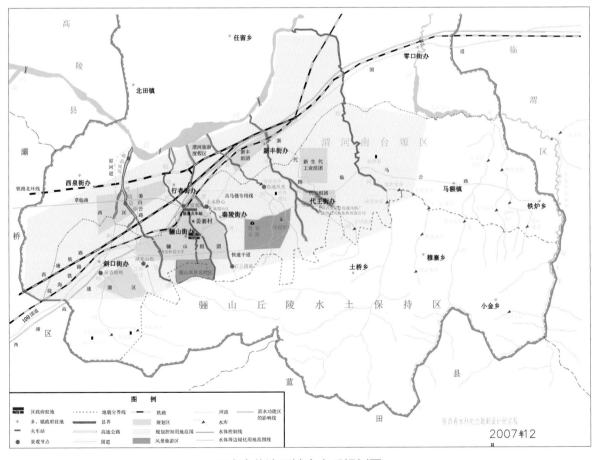

西安市临潼区城乡水系规划图

6.4 亿 m³，多年平均自产径流量为 4241 万 m³。其中渭河以南自产径流量 3539 万 m³，另有石川河、零河及韩峪河入境水量约 3248 万 m³。

1.2 工程现状及存在问题

（1）山区河段坡陡沟深、山体植被破坏严重。韩峪河、五里河、沙河、玉川河上游，丘陵水土保持区内，建有多处采石场，弃砂成堆，致使河床变窄，原河道已无踪影。河道两岸沟深坡陡，由于采石造成山体植被大面积被毁，岩石裸露，岩层疏松、破碎，易发生山洪及滑坡泥石流等灾害。而临潼城区南靠骊山，北邻渭河，整体地势南高北低，且地面坡降陡，致使临潼城区受到雨涝及山洪威胁。

（2）中下游河段萎缩、侵占严重，河道几近消失，急需疏浚。临潼区河流属源浅流短季节性的小溪流，经常干涸断流，致使中下游河道萎缩、消失，河内生态恶化。加之人为侵占、破坏，导致河道防洪、泄流等功能丧失殆尽。韩峪河在中游武家沟附近河道已经萎缩退化，形似一条毛渠，干涸无水，河流基本消失。下游上宣村旁河段，河道已变农田，河流已无迹可寻。

三里河支流芷阳沟陵园路河段处，河道已消失成为农田。三里河出西安科技大学后，河道被农田、房屋侵占，逐渐变窄，成为毛沟直至入渭口。

沙河、五里河中下游，杂草茂密，垃圾成堆，断面缩窄不足原河道的 1/5。

玉川河上游地质 6 队门前河段，河道 10 多年前就已消失，桥下涵洞已经淤满，不仅丧失泄流能力，更使水生生物资源等河内生态环境遭受严重破坏。

（3）污水处理设施滞后，无统一污水收集系统，城区河流成为名副其实的排污渠道。临潼区的排污系统及污水治理工程建设相对滞后。城区新建的污水处理厂，现处于试用阶段，尚未正式运行。城区缺乏整体的污水收集管道系统。城区河道纳污能力不强，但仍作为排污通道利用，几乎所有的生活、生产污水，未经处理直接排入河道，水体污染严重，城区环境、地下水均受到污染，不仅影响当地居民的生活环境，而且也制约着临潼旅游业的发展。

（4）水库年久失修，功用衰减严重。区内水库均建于 20 世纪 70 年代甚至更早，多数水库已运转 30 年以上。除零河水库于 2004 年完成除险加固外，其他水库现均处于病险状态，淤积严重，调蓄不足，配套不齐，老化失修，不能正常发挥水库综合功能。芷阳水库已淤积 40 万 m³，戏河水库已经完全淤平。芷阳、鱼池水库目前水量只满足休闲、旅游、垂钓。韩峪水库处于病险状态、仅有少量灌溉功能等等。

（5）境内河流来水量少、地表水供水设施缺乏。区内河流均属小流量季节性河流，现有水库来水主要靠丘陵水保区内暴雨汇集，水量有限，仅够休闲、垂钓用；多数河流出沟后甚至不能保证河流的生态流量，致使个别河流下游消失无形。目前只有零河水库可考虑作为区内供水水源，其他水库甚至难以作为补充水源。区内生活、生产用水多取用地下水，局部有超采现象。

2 水系规划指导思想与原则

SHUIXI GUIHUA ZHIDAO SIXIANG YU YUANZE ....●

2.1 指导思想

临潼区水系规划应以国家西部大开发的战略和新时期治水思路为指导思想，按照经济、社会、环境、协调发展和水资源可持续利用的基本方针，密切结合城市发展等各项规划的总体安排，统筹兼顾有关方面利益，在认真研究临潼区城市自然条件、历史人文的基础上，运用水资源可持续利用的治水基本理论和以人为本的生态景观理论，遵循城市治水新思路，以解决城市防洪、排涝为前提，充分挖掘临潼区历史文化，把握临潼区城市水环境特色，创造良好的城市水生态和水文化环境，以规划带动城市建设，推动经济发展，为把临潼打造成全国著名的旅游名城和经济发展提供高质量的水环境和水源保障。

2.2 基本原则

（1）坚持生态环境保护、治理为基础，充分发挥水系综合功能，统筹兼顾，支持城市发展。

（2）坚持人口、资源、环境协调发展的原则。

（3）开源、节流与科学配置并重的原则。

（4）目标明确、综合利用的原则。

（5）全面规划、突出重点、项目带动、逐步实施的原则。

（6）建管并重原则。

3 水系规划设计

SHUIXI GUIHUA SHEJI ....●

3.1 水系总体布局

根据地形、地貌、水文气象、河流特性及城市规划布局，将规划区水系拟分为两个功能区分别为上游水源涵养保护开发区和中下游综合整治利用区。

按水功能区划分，上游为保护区，水质目标为Ⅱ类或Ⅲ类，下游为开发利用区，以景观娱乐用水为主，水质目标Ⅲ～Ⅳ类。

按临潼新城区总体规划设想，临潼城市的结构布局为"一个中心，三个片区，六个单元，多层绿化"。

根据临潼区城市发展规划等，本次水系规划的总体设想为：

（1）上游水源涵养保护开发区：上游丘陵沟壑区以涵养、保护及开发水源为主。

（2）中下游综合整治利用区：在河流中下游台塬及平原区，为临潼区未来发展主要区域，也是本次水系规划的重点区域，主要任务是对河系进行调整归并，并从防洪、治污、河道整治、水面景观等方面进行综合治理。

3.2 水功能区划分

根据《陕西省水功能区划》(陕政办发〔2004〕100号)、《陕西省水资源开发利用规划》(陕计规划〔2003〕771号)，渭河一级功能区划分为3段，渭河在临潼区境内河段全属宝鸡至渭南开发利用区，水质目标为Ⅳ类；渭河支流零河一级水功能区划分为源头—龙河入口，河长35.0km，为源头保护区，水质目标为Ⅲ类。龙河入口—入渭口，河长18.9km，为临潼区开发利用区，水质目标为Ⅳ类。

在一级水功能区划的基础上，对开发利用区进行了二级区划。临潼区渭河干流河段西安210国道桥—零河入口，河长56.4km，划为临潼区农业用水区，水质目标为Ⅳ类；支流零河由龙河入口—零河入渭口，河长18.9km，二级区划为临潼区农业用水区，水质目标为Ⅳ类。

3.3 水环境现状评价

由于临潼区目前城市排污设施不健全，没有统一的排污管网，流域下游沿河工业企业、学校及城市居民生活所产生的废污水量大，一般达到1000～2000m³/d，且未经处理直接排入河道，加上向河道内倾倒垃圾，致使流域内8条南山支流河道水质存在不同程度污染。

根据收集流域2005年水质监测资料，临潼南山支流中上游丘陵山区段，河流水质现状较好，满足Ⅲ类水标准要求。下游城区河段水质均达不到Ⅳ类标准，其中以五里河、临潼河、三里河水质污染最为严重，水质现状全年为劣Ⅴ类，主要污染物为COD、氨氮等，其中COD超标10.4～28.5倍，氨氮超标4.6～18.2倍，河段水质全部不达标，远远不能满足功能区水质目标要求。

3.4 水资源保护措施

为保证河段水功能任务，按照"先治污后通水"的原则，必须率先做好临潼区河流水系的水源保护工作，建议在工程可研阶段即先开展相关河流水源保护区划分，拟定水源保护政策及措施等相关前期工作，并于引水工程建成运行后，立即开始实施水源保护工程和水质监测工作，积极预防治理取水口上游点源、面源污染。

3.5 防洪规划

3.5.1 防洪规划标准

依据《防洪标准》(GB 50201 1994)，临潼区作为国家级旅游区属重要城镇，因此本次规划防洪标准定为城区50年一遇洪水，农村为20年一遇洪水。

3.5.2 防洪现状及存在问题

临潼区南山 8 条支流均发源于骊山北麓，由南向北贯穿城区汇入渭河，沿线穿越国道、铁路、高速公路、城市中心、旅游区和村镇，河道的行洪安全直接影响到城市的安全。多年来由于河道干涸、断流、淤积、萎缩，加上城区段河流未实行统一的规划，沿河单位各行其是。加固占用河道，在河道上违章建设，侵占河道辟为农田，使河道断面普遍窄小，上下游断面宽窄无序，部分河段乱倒乱堆砂石、垃圾，桥孔堵死，严重影响了河道行洪能力，对城市的防洪安全形成较大威胁。

3.5.3 防洪规划任务

针对目前存在问题，本次防洪规划的主要任务，首先是河道防洪工程，即对河道进行疏浚、整治、清障、拆除违章建筑物、配合景观要求扩展行洪断面、部分修建防洪堤、改造交叉建筑物等，提高河道行洪能力，确保南山 8 条支流在防御标准内的安全行洪，完善防洪保安体系；其次是对支流上的病险水库进行除险加固，根除隐患，确保水库安全运行；再次是城区山洪防治工程，解除南山山洪对城区的威胁。

3.6 治污规划

3.6.1 污染及污水处理现状

临潼区目前由于城市排污设施不健全，没有统一的排污管网，沿河工业企业及城市居民生活所产生的废污水，未经处理直接排入河道，加上有人向河道内倾倒垃圾，致使区内 8 条南山支流河道水质存在不同程度污染。污染最为严重的是在穿过现状城区段的支流上，河道内污水横流，臭气熏天，严重破坏了河道周围的环境质量，给周围居民生活和生产带来影响。有的地段因为附近居民、单位因无法忍受污染之害，对河道进行了加盖封闭，给防洪安全带来隐患。

3.6.2 治污规划

（1）污水处理厂的规模。结合城市总体规划，根据预测的临潼区城镇污水量及现状污水处理厂规模，规划拟在 2015 年在规划的临潼新区建污水处理厂 1 座，规模为 5 万 t/d，收集污水的服务区主要在规划的临潼新区。至 2020 年在工业组团区建污水处理厂 1 座，规模为 5 万 t/d，收集污水的服务区主要为新丰、代王工业组团区。

（2）管网规划。针对目前河流污染情况，治污必须要从源头治理，河道治污要和城市管网建设结合考虑，治污必先截污，为此，城市排水管网必须雨污分流，设置专门的排污管网，将城市的生产及生活污水纳入城市排污管网，进入污水处理厂经处理达标后方能排入河道，禁止污水未经处理直接排入河道。加强河道管理，严禁向河道内倾倒垃圾。

3.7 水源工程规划

3.7.1 水源工程现状

截至 2006 年年底，临潼区供水工程主要有蓄水工程 96 座，其中水库 19 座；引水工程 3 处；提水工程 103 处；机电井 7507 眼。其中南山 8 条支流上主要以蓄水工程为主，共有中小型水库 17 座（其中中型水库 1 座，小型水库 16 座），引水工程仅有一处。

根据临潼区南山支流地形、地貌、水文、气象等资料，目前在南山支流上已不具备修建新的蓄水工程条件，因此本次城乡水系规划地表水源主要考虑利用南山支流现有的蓄水工程，水源工程规划结合水库除险加固工程进行，主要是以水库的配套改善为主，提高其蓄水能力，增加供水量。本次规划共安排 11 座水库进行除险加固，其中芷阳水库水库功能已由原来的农灌、防洪变为防洪和旅游，今后也不再有供水任务，所以水源工程不考虑，其余的 10 座水库可作为水源工程。

3.8 水景观规划

临潼是一个南依骊山、北邻渭水、中间有诸多河流穿过的城区，地貌类型有丘陵、台塬、平原等，先天的条件使临潼赋有许多灵气。近几年来，随着农村工业化、城区化步伐的不断加快，河道淤积、行洪不畅、水体污染等问题日益突出。随着治水理念的转变，临潼人将人水和谐、可持续发展的新的治水理念注入城区河道治理实践当中。城区河道治理在获得防洪安全的同时，也要与城区用地、道路交通及周边建筑紧密结合，构筑城区"生态走廊"，突出生态优先和水利工程与生态、景观有机结合的原则，成为城区居民户外休闲的重要场所。

本次水系综合整治规划的主要目标为以水系综合治理为纽带，充分利用现有水系，全面提高市区防洪、除涝能力，实施雨污分流，改善水系水质，营造城市水系景观，最终形成市区"八河"为构架的水系网络，实现"城水相依、水系相连、天人和谐、水清园绿"的美好城市家园。设计范围包括河道两侧的蓝线和绿线范围。具体包括堤岸形态、绿化配置、地形环境改造及与河流相联系的沿河城区空间环境的改造。采用各种表现形式，点、线、面相结合，并辅以各种形式的园林小品来实现主题思想。

4 规划效果展望
GUIHUA XIAOGUO ZHANWANG ....●

水系规划的综合治理措施实施后，实现临潼渭河以南河流水系水清、水近、水活、水美，城市水系的防洪能力达到国家规定的设防标准，水环境质量及沿河环境景观等方面有根本改善和提高，形成"城在水中，水在绿中，绿在城中"的绿依水、水绕城，城因水而富有生气，绿因水而富有灵气，水因城而富有神气的独特的国际旅游区水环境。创造一个安静、优美、自然、恬淡的人居休闲、旅游、度假环境，提高城市品位，促进城市经济发展与人口、资源、环境相协调，使生态环境质量得到明显改善，走上经济发展、生活富裕、生态良好的文明发展道路，让人民在良好的生态环境中生产生活。促进资源节约型、环境友好型社会的建设，实现经济又好又快发展，把临潼区建成为集"山、水、园、林"为一体的生态型园林城市和国际旅游胜地，增强临潼区经济辐射和对外开放的吸引力。

陕西省眉县水系规划

1 工程基本情况

GONGCHENG JIBEN QINGKUANG ....●

1.1 地理位置与文化特色

眉县隶属陕西省宝鸡市，位于关中平原西部，西距宝鸡市 65km，东距省会西安市 120km，东与周至县接壤，南依秦岭与太白县山水相连，西连岐山县，北接扶风县，全县南北长 39.75km，东西宽 37.5km，全县总面积 863km²。

眉县是一个文明古县，历史悠久、文化灿烂、人杰地灵、山川秀丽、物产丰富，素有"西府明珠"之称，是中国公认的"三乡"，即中国酒文化之乡、猕猴桃之乡、青铜器之乡。眉县最早为西周部落发祥地之一，与今日邻县扶风共称"邰国"。公元前 794 年秦庄公在此筑邑，因地形似眉而取名"眉邑"。东汉末年境内筑眉坞城堡，故又称眉坞，历史上称"九水绕眉坞"。县的建置，始于春秋。旧石器时代，今眉县境内就有人类活动，境内分布有 32 处原始社会仰韶和龙山文化遗址。

现眉县辖首善镇、横渠镇、槐芽镇、汤峪镇、常兴镇、金渠镇、营头镇、齐镇等 8 个镇，155 个行政村，总人口约 31 万人，其中：非农业人口 3.7 万人，农业人口 26.6 万人。

1.2 自然条件

眉县流域面积 863km²，其中平原区 459km²，山丘区 404km²。眉县属于黄河流域渭河水系，眉县水资源总量 3.06 亿 m³，地表水资源量 2.47 亿 m³，地下水资源量 1.97 亿 m³。

眉县属秦岭北麓暴雨区和渭河以北暴雨区。暴雨多集中在 7—9 三个月，地域上主要在秦岭深山地，延续时间短，极易形成洪水，河水暴涨暴落。

过境水渭河含泥沙较多，年输沙量 2100t，流域输沙模数 5670t/km²，河水含沙量 43.2kg/m³。渭河各支流每立方含泥沙均小于 1kg，属于清水河。

全县多年平均径流总量为 2.45 亿 m³，径流年内分配不均，7—10 月的 4 个月径流量为 1.39 亿 m³，占全年径流量 56.9%；最大径流分布于 9 月，为 0.43 亿 m³，占年径流量的 17.5%。

眉县主要河流径流情况统计表

河流名称	流域面积 /km²	年总径流量 /m³	多年平均流量 /（m³/s）
渭　河	13.5 万	39.2 亿	124.2
石头河	686	4.48 亿	12.8
霸王河	177.12	8212 万	2.47
西沙河	92.17	3288 万	0.73
汤峪河	395.09	1.37 亿	2.1
东沙河	125.72	6010 万	1.52

县境内有大小河流共计 19 条，较大河流有 6 条，即渭河、石头河、霸王河、西沙河、汤浴河、东沙河。除渭河外皆发源于秦岭北麓，由东向西分布，由南向北汇入渭河。由于受强烈褶皱断裂和抬升运动影响，使秦岭北麓强烈翘起，形成秦岭北麓坡陡谷深，断崖如壁，上游河床狭窄河流水急多瀑布；下游坡缓而长，河宽滩大，雨季河水暴涨，水流湍急夹石，枯季水流很小，甚至干枯。

境内河流的总特点包括：河流发育成 V 形河谷，河床狭窄，比降很大，水流湍急，含沙量少，河床布满河砾巨石，出峪后经黄土原区，河滩宽大。雨季洪水频繁，暴涨暴落；枯季河水急剧下降，有些小河常常干枯。洪枯水理差值较大。各河流出峪口后，有相当一部分地表水转化为地下水，形成了降水、地表水、浅层地下水三者相互转化的独特水资源条件。经实际调查和水文计算，全县 19 条河流中，枯水年（P=75%），枯水期（2 月），平均流量在 0.02m^3/s 以上的河流有 7 条。

2 规划理念与目标
GUIHUA LINIAN YU MUBIAO ....●

2.1 规划理念

眉县水系景观规划以"亲水、生态、文化、宜居、魅力"为核心，突出眉县南依秦岭、北临渭水、河流水系众多的特点，充分展现眉县"灵秀"之特色，彰显"山水相映、创意田园"的主题，实现"居家伴碧水，举目望青山"的宜居品质。

2.2 规划目标

以水系综合规划为纽带，充分利用区域内地表水资源，营造水系景观，重现"九水绕眉坞"蓝图，构建眉县"一轴、三心、四带、多节点"的总体景观格局，实现"山水眉县、田园新城"目标，把眉县建成集"山、水、园、林"为一体的生态型园林县和旅游胜地。

3 水系规划设计
SHUIXI GUIHUA SHEJI ....●

3.1 总体规划布局

在关中地区，眉县河流水系得天独厚，自然景观资源丰富多样，文化资源积淀深厚。本次水系规划在对眉县境内河流总体规划的基础上，充分立足于现有河流和旅游景观资源，结合境内地形地貌和河流特性，进行合理的水系连通环绕规划。

规划以河流为主线，以眉县县城、汤峪河、霸王河、东沙河水系景观为重点，突出集镇、工业园区景观，充分利用310国道、关中环线等场外交通干道，及县内连接县城和各乡镇主干道路的辐射作用，将水系生态景观星罗棋布点缀其间，水系相通，环绕相连。规划在县城、汤峪河、霸王河、东沙河等重点河段打造规模大、层次高、特色鲜明的水系景观，构建眉县"一轴、三心、四带、多节点"的总体景观格局。

一轴指渭河景观轴。三心指绕县城景观中心、积谷寺稻米种植生态示范区、汤峪口景观中心。四带指霸王河—营头镇—干沟河流域景观带""西沙河—马驹河流域景观带""见子河—汤峪河—柿林湿地景观带""关中环线景观带"四个景观带。多节点指以自然乡镇为主体的齐镇、营头镇、金渠镇、小法仪镇、槐芽镇、汤峪镇、横渠镇、常兴镇多个景观节点，打造"居家伴碧水，举目望青山"的景观主题。

总体而言，眉县水系景观总体布局为秦岭北麓之"山水相映"主题，县城"水围城"之水系环绕景观格局，交通干道"山、水、绿"一体，浅山、台塬区特色生态观光农业，一村一景等水系景观规划，辐射带动境内全面发展，实现"居家伴碧水，举目望青山"的宜居品质，重现眉县"九水绕眉坞"蓝图。

重点规划的景观区有：县城"九水围城"景观区、渭河生态湿地区、积谷寺稻米种植生态示范区、霸王河水系景观带、汤峪河水系景观带、东沙河水系景观带以及公路沿线水系景观带，共规划"三处生态湿地""一处农业种植示范区""两村综合开发""两处叠水瀑布景观""多处蓄水景观带"" 多处生态垂钓休闲园"等。

"三处生态湿地"指渭河生态湿地景观带（渭河县城堤内外生态湿地）规划湿地面积1700亩、柿林生态湿地规划面积1000亩、东沙河入渭口生态湿地规划面积1000亩，合计规划生态湿地3800亩。

"一处农业示范区"指积谷寺稻米种植生态示范区，规划稻米种植面积1万亩。

"两村综合开发"指东柿林、西柿林村两处特色生态观光农庄。

"两处叠水瀑布景观群"指霸王河红河谷山口叠水瀑布群、汤峪河汤峪口中心大道上、下游（堤内外）瀑布景观群。

"多处蓄水景观带"指县城以南、清水河、干沟河蓄水景观带及汤峪河、霸王河、西沙河、东沙河等河道的系列蓄水景观水面，蓄水景观湖面5000亩，蓄水量300万 m^3。

"多处生态垂钓休闲园"指渭北常兴垂钓休闲农家乐，东干渠以南范家窑、双庙村、万家塬、武家堡陂塘、杨家河、武家沟、跃进、王家堡等已成小水库等。

水系景观规划是涉及河流水系、水资源、防洪、治污、文化、景观等综合性的系统规划。

3.2 景观规划设计

依据《眉县县城总体规划（2009—2020）》，结合眉县水文、地形、地质、自然、人文历史等条件，景观规划布局主要分为4个层次。

3.2.1 秦岭北麓展现"山水相映"主题

眉县南依秦岭，境内渭河的众多支流皆发源于秦岭北麓，均自秦岭北麓出山口。本次重点对汤峪河、霸王河、东沙河及石头河灌区渠系进行水系景观规划，充分挖掘和开发汤峪口、红河谷、积谷寺等旅游资源，规划建设"太白山—红河谷—积谷寺"山内、山外旅游景观环线，规划总面积 13 ~ 20km²，分别在汤峪口、红河谷山口等区域形成大规模的梯级瀑布及千亩水面景观，打造秦岭北麓山区及浅山区"山水相映"的景观主题。

3.2.1.1 汤峪河水系景观区

汤峪镇位于县城东南部的太白山口，拥有独特的自然旅游资源和地热资源优势。县城总体规划中设定为旅游服务区、休闲疗养度假区。根据旅游规划，为把太白山国家森林公园打造成以绿色生态休闲、山水冰川体验为主题的国家 AAAAA 级核心风景区，在汤峪和营头两镇范围内，高标准建设旅游产业新区，形成山内相通，山外相连，集文化大餐、激情探险、博彩娱乐、水上运动、影视拍摄等项目为一体的法汤核心旅游板块；做深、做活地热水文章，规划建设中西结合、风格多样的高档次洗浴广场。

水系景观规划依据前述县城总体规划对汤峪口休闲度假风景区的功能定位，结合汤峪河流域特性进行综合开发规划。

根据汤峪河河道重点段防洪治理工程，治理后的汤峪口旅游度假区防洪标准达到 50 年一遇，其余河段达到 20 年一遇。经过防洪治理后，汤峪河河道基本规整，防洪安全得以保障。

汤峪河水量充沛长年不断流，水质清澈无污染，在中心大道河段纳入石头河东干渠的退水后，水量更为丰沛，汤峪河在中心大道以上河道比降陡、落差大、河道狭窄，中心大道以下河道比降缓、落差小、河道展宽。规划汤峪河水景观由四段组成：中心大道以上叠水瀑布景观、中心大道以下河道内外大规模梯级蓄水景观湖、西宝公路桥以上河段河道漂流及关中环线景观带、西宝公路桥河段蓄水景观。

第一段中心大道以上瀑布景观。对中心大道以上的河道进行整治，集中落差，形成一定规模的瀑布景观。初步规划落差达 5m。由于汤峪河属秦岭南山支流，汛期滚石较大且多，所以上游段堤防内蓄水景观坝型采用浆砌石坝，坝体采用 C15 细石混凝土砌块石，坝面采用 C25 钢筋混凝土面层，厚 300mm。溢流坝面由上游直墙，堰顶 WES 曲线接挑舌，下游接斜直线。溢流方式为坝顶溢流，挑射水流与下游水面衔接。

第二段中心大道以下河段河道内、外大规模梯级蓄水景观湖。中心大道以上以形成瀑布景观为主，水流自山口汤惠渠渠首泄入河道，集中落差形成瀑布后，于中心大道附近河段汇入石头河东干渠退水，水量丰沛，规划在中心大道以下河段布设 2 ~ 3 级橡胶坝或砌石坝拦蓄河水，不仅在河道内形成长约 1.0km 的连

汤峪旅游度假风景区景观规划平面图

汤峪旅游度假风景区景观规划设计效果图

续景观湖，而且自坝两侧引水入河道两岸，在两岸台塬区域形成大面积的梯级蓄水景观湖，湖与湖之间顺应自然地形台阶式叠水相连，整个蓄水景观湖区动静结合，既有波光粼粼的湖面，又有潺潺流水声，其间融入文化主题，点缀园林景观，打造出支撑汤峪口 AAAAA 级核心风景区的水景观。

第三段河道漂流及关中环线景观带。规划自蓄水景观湖以下河道至西宝公路桥以上河段定位为河道漂流，以丰富旅游休闲功能。同时，在关中环线河段沿公路布设带状景观湖，弥补关中环线有山、有绿但缺水的局面，将眉县境内规划的关中环线局部路段实现"山、水、绿"一体。

第四段西宝公路桥河段蓄水景观。西宝公路跨汤峪河大桥河段，为提升西宝公路沿线景观，规划在大桥以下布设橡胶坝拦蓄河水，在河道内形成蓄水景观湖的同时，引水入该段公路两侧，形成公路沿线蓄水景观带。

3.2.1.2 霸王河水系景观区

营头镇位于县城南部霸王河自秦岭的出山口，具有一定的自然旅游资源和地热资源优势，经济基础较好。县城总体规划，由现在的采矿、冶炼业转变为旅游服务镇。

本次拟自霸王河支沟红河谷景观区山门开始，至霸王河入渭口，进行水景观分段规划。

第一段红河谷景观山门—低坝渠首河段滨河公园景观。霸王河支沟红河谷山门以下河段，比降陡，落差大，河道宽窄不一，规划对狭窄河段集中落差形成跌水瀑布景观；对河道较宽的河段，规划滨河生态公园，融入文化元素，植入园林造景。区间有华西大学红河谷校区，该河段已进行水景观治理，效果较好。本次规划将其纳入并进行上下游水景观衔接，依托秦岭山势，傍霸王河水，构成山水相映的滨河公园景观，突出旅游休闲主题。

第二段东干渠渡槽上、下游河段河道内大规模蓄水景观湖。京昆高速复线在营头镇隧洞进口规划了服务区和出口，结合高速公路规划，在营头镇附近—石头河东干渠渡槽大桥上、下游河段以形成瀑布景观为主，水流自山口泄入河道，水量丰沛，集中落差形成瀑布后，规划在渡槽大桥上、下游河段布设 2～3 级砌石坝逐级抬高水面，在河道内形成长约 2.0km 的连续景观水面，湖与湖之间顺应自然地形台阶式叠水相连，整个蓄水景观湖区动静结合，既有波光粼粼的湖面，又有潺潺流水声，其间融入文化主题，点缀园林景观，打造出支撑红河谷 AAAAA 级核心风景区的水景观。

第三段关中环线段蓄水景观。为提升西宝公路沿线景观，规划在大桥以下布设橡胶坝拦蓄河水，在河道内形成蓄水景观湖。

第四段汤齐公路—入渭口河段蓄水景观。该河段右岸为霸王河工业园区，河道比降较缓，河道较为宽阔，《渭河全线综合整治规划》中在霸王河入渭口规划有跨河交通桥，布置为桥闸蓄水工程。本次规划将其纳入，自规划的入渭口桥闸工程开始，上至汤齐公路桥河段均规划为蓄水景观湖区，将有力地带动霸王河工业园区的发展。初步规划布设 7 座橡胶坝或浆砌石低坝，蓄水区长度 8km。

3.2.1.3 积谷寺稻米种植生态示范区

齐镇积谷寺人文历史积淀深厚，历史上积谷寺曾经是关中闻名的稻米良种产地，贡米之乡。积谷寺地区地下水埋深浅，现状仍保存有良田、竹林，江南水乡风貌依稀可见。本次规划以恢复水稻种植，还原"贡米之乡"风貌和江南水乡湿地景观，保护积谷寺人文遗址，打造"积谷寺稻米种植生态示范区"。

规划利用积谷寺、下庙、上庙周围自然湿地资源，从石头河西干渠及附近各斗渠相继就近引水，恢复积谷寺水源，重新形成水乡风情，突出江南水韵主题。与齐家寨古镇规划、石头河水库交相辉映，再造积谷寺江南水乡，建成积谷寺绿色有机大米种植农业观光园。同时，充分挖掘积谷寺造船遗址，还原柳青《创业史》梁生宝买稻种文化旧址，打造自然、人文景观品牌。

积谷寺稻米种植生态示范区沿姜眉公路分布，水源仍旧采用石头河西干渠、北干渠。分布范围为：

东至石头河北干渠，西至眉县岐山县界，南至斜峪关村，北至关中环线西延段，东西长约2km，南北宽约10km，规划范围约20km²，稻米种植面积考虑约1万亩。

积谷寺稻米种植生态示范区开发的同时应对当地村庄同时改造，按照"一村一景"的理念，将历史文化、民俗风情与新农村建设有机融合，形成家家房前有绿水，户户屋后有竹林，恢复积谷寺江南水乡风貌。

猕猴桃、柿子、草莓、苹果、蜜汁梨等经济水果在眉县大面积种植，目前已经形成了该地区农业的支柱产业，本次稻米种植规划区范围内的这些经济作物仍然保留。

3.2.2 实现县城水系环绕"水围城"景观格局

眉县县城为本次水系景观规划的重点区域。县城北依渭河，西邻清水河，东邻干沟河，石头河北干渠南北向穿过县城。目前清水河、干沟河等河流下游城区河段基本断流，河道萎缩严重，泄洪断面锐减，县城守着众多河流，却毫无景观可言。虽然目前县城正在或已经实施了许多景观改造，但总体而言，县城缺少水和绿色。

本次规划拟充分利用石头河北干渠渠系和周边霸王河，进行水系连通后调水恢复西侧清水河、东侧干沟河水系，北侧打造渭河生态湿地公园，南侧规划东西向蓄水景观带，构成北有渭河湿地，南有千亩蓄水水面，东、西有河流的县城水系，清清河水、绿色湿地环绕整个县城，实现县城"水围城"的景观格局，使县城"灵秀"起来。

3.2.2.1 县城北部——渭河生态湿地公园

根据县城总体规划，渭河河堤南侧100m区域内为禁止建设区（属生态敏感区域），位于禁止建设区的农村居住点、城镇建设用地应逐步搬出。渭河滩地（北部低洼地）为限制建设区。

本次规划在利用渭河眉县段综合治理成果的基础上，将现有滩区、河道资源整合利用，将渭河眉县段提升打造为水环境与水生态修复治理的典范、绿色风景长廊、城市水景观与市民休闲娱乐的场所、水利工程展示场所，配合县城总体规划中的滨河新区建设，打造国家AAAAA级水生态板块景区。

规划渭河湿地生态公园以渭河防洪堤为轴，河道内充分利用魏家堡渠首枢纽蓄水，并规划在渠首下游河段筑低坝形成渭河蓄水景观区，魏家堡渠首枢纽历史悠久，自身就是一处水利工程景观，同时利用河道内现有滩地规划滨河生态公园。河堤外将眉县境内渭河沿线现有滩区湿地串珠式的连接起来，人工修复美化，西至县界附近的尧寺村、东至中沟河入渭口，南至眉县城区。对防洪堤按综合整治要求打造滨河大道。此外，区内的北兴村地处县城北，渭河南，此处自古多眼清泉，土厚水丰，温水四季长流，拟利用石头河北干渠退水补水，恢复渭河水乡荷池盛地，该景观区远期也可采用城市中水补水。

规划景区融入渭河水文化、眉县人文历史元素，整个生态湿地景区河道内碧水潊潊，河道外绿色茵茵，水草丰美，鸟语花香，滨河大道穿行其间，构建出县城北部独具特色的渭河水生态景观长廊。

3.2.2.2 县城南部——生态湿地绿化景观带

根据县城总体规划，县城以老城区为中心，向南拓展，在南环路范围内填充补齐，作为近期生活居住发展、城市扩容的主战场。建设南区开放型公园，最终形成中部以生活为主的综合生活区。城市远景按照"中部生活、两翼生产"的总体结构模式向南发展。

结合县城总体规划及水源条件，本次规划在县城南部建设 20 万 m²（300 亩）带状蓄水景观湖。规划自南环路以南的石头河北干渠王家庄北侧、县二中附近引水，水流进入规划的带状湿地景观，东西向穿越规划中的县城居住新区，避开居民居住点，蜿蜒布设，于东侧县中学附近汇入干沟河，形成城南湿地景观带。

由于东西向垂直高差较大，西部起点高程 518.00m，东部终点高程 508.00m，高差约 10m，湿地景观带宜分级逐级蓄水，景观带水面宽度约 10m 左右，水深控制在 0.5m 左右，景观带长度约 6km。该景观采用石头河水库北干渠来水。

3.2.2.3 县城东部——干沟河生态湿地绿化景观带

根据县城总体规划，以干沟河为界，河东为工业园区，河西为居住生活区。干沟河河道控制线两侧各 35m 为禁止建设区。位于禁止建设区的农村居住点、城镇建设用地应逐步搬出。

本次规划霸王河与干沟河水系连通工程，利用霸王河向干沟河补水，恢复干沟河水系，形成干沟河小流域湿地景观带，起点为"城南蓄水景观湖汇入点—县中学南侧"，终点至渭河湿地生态公园，即干沟河入渭口，干沟河湿地景观绿带总长度约 1.5km，水面宽度约 10m，平均水深按 0.5m 控制。

规划近期自霸王河低坝渠首取水，沿营头镇南侧山脚地带布设引水管线或渠道长 4km，沿线收集铜峪沟支沟径流后，自铜峪沟出山口汇入干沟河，铜峪沟为干沟河的支沟，规划利用铜峪沟现有沟道将霸王河水自南向北引入干沟河补水。远期可利用从规划建设的红河谷水库调水，红河谷水库坝址位于东岔与西岔交汇处下游 150m，水库总库容 1200 万 m³，水库的工程任务为防洪、灌溉、发电、旅游景观补水。也可由红河谷水库给营头镇旅游度假区水面补水，再经过下范家窑陂塘至干沟河湿地景观带补水。此外，还可利用城南蓄水景观湖的退水进行补水。

干沟河水面景观带应注重恢复水系的自然形态和自然景观，恢复河道纵向的蜿蜒性和河道断面的多样性，突出田园风光，突出生态恢复和生态保持，避免河流的渠道化和园林化。

3.2.2.4 县城西部——清水河生态湿地绿化景观带

县城西大门至清水河城区段。清水河流域面积约 14km²，河水清澈，上游无工业污染，在太白酒厂附近成为埋涵，在县城北至石头河北干渠退水北侧平行汇至干沟河入渭河。

规划建设清水河小流域湿地景观带，基本沿现状清水河两岸布置。使清水河重新流淌，沿岸规划生态绿化景观，规划两侧各宽 50m，其中水面宽度约 10m，水深按 0.5m 控制，总长度约 1.5km。

清水河水面景观带和城东干沟河一样，应注重恢复水系的自然形态和自然景观，恢复河道纵向的蜿蜒性和河道断面的多样性，河道两岸居民点较多，应突出碧水绕家园风光，突出生态恢复和生态保持，避免河流的渠道化和园林化。

3.2.3 浅山、台塬区特色生态农业观光区

眉县特色农业种植资源丰富，如猕猴桃、柿子、草莓、苹果、蜜汁梨、辣椒、大蒜等闻名遐尔。境内许多村庄还拥有泉水资源，如东柿林、西柿林两村附近天然泉水资源丰富。本次规划充分利用东柿林、西柿林两村泉水资源和当地特色农业资源，将东、西柿林村打造为特色生态农业观光区，并规划将泉水引入村中，引入公路两侧，形成泉水绕村落的关中水乡风貌，与汤峪河蓄水景观湖等景区相连，

使浅山丘陵区、黄土台塬区生态农业与观光农业、山水资源有机融合，构成独具特色的关中农家风情。

狝猴桃、柿子、草莓、苹果、蜜汁梨等经济水果在眉县大面积种植，目前已经形成了该地区农业的支柱产业，本次规划范围内的这些经济作物仍然保留。

最有特色的水果——狝猴桃种植应选择山区交通便利、光照充足、靠水源，雨量适中、湿度稍大地带，疏松、通气良好的沙质壤土或沙土，或富含腐殖质的疏松土类的丘陵山地作建园地为佳。

3.2.4 "居家伴碧水，举目望青山"宜居品质

眉县第十五次党代会提出把生态建设作为立县之本、发展之基、活力之源，以"净化、绿化、美化、亮化、优化"为目标，举全社会之力深入开展城乡环境综合整治，加快绿色县城、绿色农村、绿色道路、绿色屏障建设。

充分利用眉县自然资源，挖掘眉县地域文化、民俗风情等人文资源，与新农村建设有机融合，按"一村皆一景"的理念，因地制宜建设一批特色农庄，如东、西柿林村关中特色农家风情等。通过典型村庄试点，逐步形成村村有景点，村村有特色，提升新农村建设水平和档次。通过眉县境内水系景观规划，提升眉县区域整体水生态环境，规划实现眉县"居家伴碧水，举目望青山"的宜居品质。

3.2.5 交通干道"山、水、绿"一体

眉县境内的浅山、台塬区，自然资源分布广泛，农业发达，交通四通八达。眉县已建成或规划的对外主干道包括：关中环线西延段、西宝南线、西宝高速等。规划在关中环线、西宝南线由西安方向进入眉县的公路路段两侧布设蓄水景观带，与南部秦岭山水相映，形成进入"山水眉县"的第一道风景，使主要交通干道在进入眉县以后均能感受到"山、水、绿"同城一体。本次规划主要有西宝南线汤峪河蓄水景观带、西沙河蓄水景观带、东沙河蓄水景观带，西宝高速由常兴进入眉县的霸王河蓄水景观带；由关中环线进入眉县的东沙河、汤峪河带状景观水系、霸王河蓄水景观带等。

3.2.6 生态湿地规划

（1）渭河生态湿地公园。规划湿地面积约 113.3 万 m² （1700 亩）。

（2）柿林生态湿地公园。利用东、西柿林村北部，眉县、扶风交界处天然湿地，规划建设千亩荷塘生态湿地公园，并与规划的东、西柿林村沿公路湿地景观带有机的衔接，规划湿地面积约66.7 万 m² （1000 亩）。

（3）东沙河入渭口生态湿地公园。规划湿地面积约 66.7 万 m² （1000 亩）。

3.2.7 生态垂钓休闲园

渭河北部，西宝高速公路以南天然地势低，地下水位高，许多地段地下水已经出露，目前多为养鱼塘。

利用渭河以北，西宝高速公路以南天然地势，在常兴镇规划建设中小规模渭北垂钓休闲农家乐，水源可采用宝鸡峡塬边高干渠或魏家堡水电站退水进行鱼塘补水。

其余多处生态垂钓休闲园，指东干渠以南范家窑、双庙村、万家塬、武家堡陂塘、杨家河、武家沟、跃进、王家堡等已成小水库等。

规划鱼塘应远离高压线，并和公路、铁路路基保持安全距离。

柿林生态湿地公园景观规划设计平面图

柿林生态湿地公园景观规划效果图

4 创新与展望
CHUANGXIN YU ZHANWANG ....●

　　眉县拥有优质的水资源条件、良好的自然景观和高品位的文化资源，旅游资源丰富，是关中西部有相当开发潜力的旅游城市，处于西安—宝鸡未来发展的中心点上，但目前区内河流水系缺少统一规划，河道中下游城镇段萎缩、淤积、污染严重，防洪形势严峻，河道及周边环境恶化。因此应尽快开展眉县水系景观规划、设计等前期工作，以提升城市品位，并为发展山水休闲度假旅游产业、招商引资创造优美的环境，满足眉县经济发展的需求，是非常必要和迫切的。

　　项目实施后在眉县靠近秦岭的水域形成水源涵养、水生态保护开发区，此区以水源涵养、水生态保护为主，兼顾水源开发。水源涵养、水生态保护要加强管理防止滥采滥挖、废污水随意排放，做到恢复植被、恢复水生态、治理废污水达标排放，提高水环境可持续发展能力。

　　中下游水域综合整治，以综合整治和水面景观开发利用为主，为城乡居民创造一个优美和谐的水系环境。形成河道归顺整治、疏浚设防、筑坝蓄水、防污治污、绿化美化、水面景观等综合整治利用。

　　水系规划的综合治理措施实施后，眉县渭河以南河流水系将形成水清、水近、水活、水美，城市水系的防洪、排涝能力达到国家规定的设防标准，水环境质量及沿河环境景观等方面有根本改善和提高，促进城市经济发展与人口、资源、环境相协调，增强眉县经济辐射和对外开放的吸引力。

陕西省咸阳双照水库规划

1 工程基本情况
GONGCHENG JIBEN QINGKUANG ....●

1.1 工程背景

咸阳双照水库坝址选于咸阳市双照镇以东、咸北路以西区域，南邻渭河，东依泾河，现状地形西北高、东南低，具有一定高差，大部分地段为农用地。规划水库位于核心区，规划在市民文化中心南侧形成"三湖辉映"的壮丽水景。沿库绿地为一类环境质量区，是功能区重要的城市公园。其中，南库绿地与规划中体育公园相连，是功能区各都市人文旅游点的交汇处与枢纽点。调蓄库根据地形地质条件，利用土地开发整理形成的洼地，规划建设 3 个平原水库。咸阳双照水库蓄水依托咸阳市宝鸡峡灌区高干渠的东三支分渠重力供水。

同时，坝址区也是大西安（咸阳）文化体育功能区中心区域，在灌溉农田的同时，也为大西安（咸阳）文化体育功能区营造了水面景观，可以改善局地小气候，增加城市灵气，提升城市品质，并为市民提供优美的休闲环境。水库根据地形地质条件，利用土地开发整理形成的洼地，规划建设 3 个水库。规划区总计占地面积 170.8hm²，景观面积 94.3hm²，水域面积 76.5hm²。

咸阳双照水库东、西库基本为南北向布置，南北向长约 1km，东西向长约 500m；南库为东、西向布置，东西长约 1.2km，南北长约 700m。3 个水库均由衔接渠道连接，其中西库与北侧高干渠的东三支渠相连接充水入西库，经西库沉沙后分别通过连接渠道充水入东库和南库，最后 3 个水库通过输（退）水渠道引水至帝王输水渠，经白鹤站抽至咸三支，向缺水灌区进行补水。

咸阳双照水库枢纽主要由库区挡水建筑物（大坝）、引、连接渠道及退水管、闸门及进水口等部分组成，附属工程由水库管理房、上坝道路等组成。水库管理房位于东库东北角，紧邻公路，沿水库库岸设有环库路及绿化带。

双照水库工程等别为Ⅳ等小（1）型，主要建筑物有蓄水大坝、输水渠道和退水渠道。水库总库

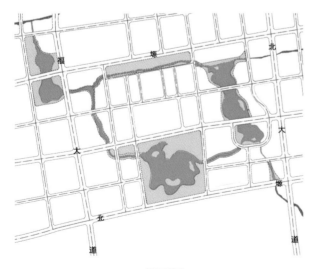

平面图

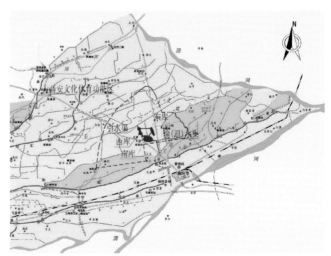

平面区域图

容 380.8 万 m³，正常蓄水位 492.1 ~ 507.1m，死库容 19.2 万 m³，调节库容 245 万 m³，防洪库容 116.5 万 m³。退水渠道设计放水流量 2.9m³/s，根据工程性质和供水对象，依据《防洪标准》（GB 50201—1994）的相关规定，并结合工程的主要任务，确定水库大坝、退水渠道等主要建筑物为 4 级。大坝设计洪水标准为 10 年一遇，校核标准为 50 年一遇。

1.2 当地文化

1.2.1 秦汉文化

咸阳身处华夏历史文化长河的发端，是秦汉文化的重要发祥地，是中国第一个封建王朝秦的都城和 13 个朝代的京畿重地。咸阳五陵原堪称"中国地下历史博物馆"，是中国现存最大、保持最完整的汉代帝陵群。咸阳建城具有 4000 多年的历史。夏、商时期为邰、扈、崇、程、囟、毕等候国的封地。西周时期是丰、镐的近郊；东周时期属秦，秦孝公十二年（公元前 350 年），在咸阳营建国都，秦始皇统一六国后，咸阳是全国的首都，成为"中国第一帝都"，是当时全国政治经济交通和文化中心。

1.2.2 农耕文化

咸阳孕育了中国的农耕文明，农业始祖后稷在此教民稼穑，是古老的中国农耕文明的重要发祥地之一，同时也是关中粮食生产的"白菜心"。每年给国家提供 200 万 t 以上的商品粮，尤其面粉品质优良，享誉三秦。年产水果 400 多万 t，是世界上唯一符合苹果生产七项指标的最佳优生区，是全国最大的优质苹果生产基地，全国总量 10% 以上的优质苹果来自咸阳，全球 1/6 的浓缩果汁出自咸阳。

1.2.3 非遗文化

得天独厚的历史环境留下了丰富的文化遗产，历史街区和历史建筑是城市物质遗存中重要的组成部分。咸阳市省级以上非物质文化遗产保护名录有 15 项，民间舞蹈类有"东寨十八罗汉""泾河竹马""西关老龙""蛟龙转鼓""牛拉鼓"等；民间音乐类有"旬邑唢呐""监军战鼓""秦汉战鼓""泾河号子"等；民间文学类有"秦琼敬德门神传说""柳毅传书""农业始祖后稷传说"等；民俗类有"长武道场"；传统戏曲类有"弦板腔"和"皮影戏"等。其中"皮影戏"为国家级非物质文化遗产，其余为省级非物质文化遗产。

1.2.4 绿色生态文化

园林绿化是城市生态文化的重要组成部分，也是城市景观形态的重要表现形式。五陵塬的台塬是文体功能区十分具有代表性的自然景观。 以五陵塬为核心的大遗址生态廊道承担文化遗址保护、生态保育、生态屏障、水土保持、生态恢复、地质灾害防护、都市农业生产、城市绿廊、生态旅游的功能，是半人工半自然的生态廊道。五陵塬是国家退耕还林、天然林保护以及咸阳环城绿化工程的重点实施区域，也是咸阳市和西安市的生态涵养区。此外，保留规划区内水系自然流向，改善水质环境，依托大遗址生态廊道，营造咸阳文体功能区独特的生态水体环境也是倡导区域绿色生态文化的重要举措之一。

1.3 自然条件

渭河古称渭水，是黄河的最大支流。发源于甘肃省定西市渭源县鸟鼠山，主要流经陕西省关中平原的宝鸡、咸阳、西安、渭南等地，至渭南市潼关县汇入黄河。渭河流域属大陆性气候，年均温6~13℃，年降水量500~800mm，其中6—9月占60%，多为短时暴雨，冬春降水较少，春旱、伏旱频繁。咸阳站年径流量54亿 m³，年输沙量1.7亿 t。水量主要来自右岸支流，沙量则主要来自左岸支流。

渭河流域属于干旱半干旱地区，年平均气温6~14℃，年平均降水量450~700mm，年蒸发量1000~2000mm，无霜期120~220d。多年平均径流量102亿 m³（1934—1970年系列），年内变化与降水相似。6—10月为汛期，多暴雨，降水强度大，其中7月、8月、9月大汛期间的径流占全年的60%~70%。年平均流量323m³/s，而实测最大洪峰流量7660m³/s（1954年），调查最大洪峰流量10800m³/s。

宝鸡峡灌区位于陕西省关中西部，西起宝鸡市以西4km处的渭河峡谷林家村，东至泾河右岸，东西长181km，南北平均宽14km，总面积2355km²，是一个多枢纽、引抽并举、渠库结合的特大型灌区，系我国著名的十大灌区之一，是陕西省目前最大的灌区。灌区直属省水利厅管辖，灌溉宝鸡、杨凌、咸阳、西安4市（区）的14个县（区、市）的291.6万亩农田，有效灌溉面积282.83万亩。

双照水库坝址位于咸阳双照镇以东、咸北路以西，南邻渭河，东依泾河。规划范围内将建设的三个调节水库与灌溉渠道东三支、咸二支、输二支和输三支相连。西库位于北寺村区域，坝址以上流域面积为8.87km²；南库位于双照镇以东区域，坝址以上流域面积为2.66km²；东库位于双照镇以东区域，坝址以上流域面积为10.58km²。流域内年平均降水量519.2mm，年平均蒸发量1110mm，多年平均气温13.4℃。

水库建设完成后，进水水质为Ⅲ类水，出水水质为Ⅲ类水，水质较好。

渭河咸阳段

双照水库流域内径流主要是由降水补给而形成，径流的多年变化过程基本与降水多年变化过程相似。汛期降水量大而集中，冬春季降水量小。根据咸阳气象站多年观测资料，5—10月降水量占全年88.1%；其中7—9月降水量占全年降水量59.3%；11月至次年4月降水量占全年降水量11.9%。受降水影响，流域内径流也呈现出年内分配不均匀和年际变化大的特点，根据本流域渭河咸阳站 1956—2010 年观测资料，7—10 月径流量占全年径流量的 57.6%；12 月至次年 3 月径流量占全年径流量的 12.7%。最大年径流量 111.7 亿 m^3（1964 年），最小年径流量 20.3 亿 m^3（1979 年），最大为最小的 5.5 倍。

2 规划理念与目标
GUIHUA LINIAN YU MUBIAO

2.1 规划理念

咸阳城市规划秉承人与自然共生的主旨，致力于发展成为环境优美的和谐宜居社区。随着新城规划的不断完善，城市休闲旅游体系的发展刻不容缓。在此举国高度重视"生态文明"的时机，双照水库滨湖公园不仅具备了恰逢其时的政策机遇，更拥有得天独厚的自然资源，发展潜力巨大。据此，提出"至中合和、天人合一"的设计理念。

"天人合一"的思想观念最早是由庄子阐述，后在秦汉时期发展为"天人感应、阴阳五行说"的哲学思想体系，并由此构建了中华传统文化的主体。中国历代皆以汉字为主要官方文字，汉朝时汉字发展史上一个具有里程碑意义的时期，汉字发展至汉朝时被取名为"汉字"。设计理念中"天、地、人"三要素可在本案中具象为三个汉字，分别代表三个湖体。篆体对于秦汉书法文化具有重要代表意义，秦统一全国后，实行"书同文"，将小篆作为官方公布的规范书体。西汉初年，在书法上仍沿袭秦代的传统，严肃庄重的宫廷器物铭文仍是沿用整饬规矩的小篆书体。"天、地、人"三字的篆书形式可分别推演为本案三个湖体的岸线形态。

结合地域人文，将设计理念进行提炼、剖析，总结归纳为"湿地生态、秦时农耕、汉时科教、体育精神"4 个文化主题，并在西库、2 号引水渠、东库、南库的景观设计中分别体现。

2.2 规划原则

2.2.1 功能原则

功能定位是规划设计方案的根本。我们需要在解决实际问题的同时，将实用与美观两者牢牢结合，创造一个适宜的优美环境。结合城市道路和市政基础设施，合理布置主次出入口、停车场、游览交通系统以及其他旅游服务设施。面向游憩活动，解决多功能需求。

2.2.2 文化原则

传承历史、展时代风貌、融合地域文化。历史文化是一个民族的精神凝聚力，地域文化则是区域民众的共通点。文化渗透于社会的各个方面，没有文化的设计是苍白的。尊重历史文化、地域文化，充分挖掘地域特色文化。

2.2.3 生态原则

注重自然生态景观的塑造，充分考虑植物的生态内涵，建立集生态、展示、游览等功能于一体的园林景观体系，形成可持续发展的公园生态系统。用人工技能去恢复一个自然平衡，通过合理配置让其自身能维持这种平衡，创造多种形式的自然生态环境让其多样化的生态环境自动调节，旨在恢复自然生态系统。认真地对活动区域进行划分与界定，合理地让人为活动尽量少的影响这个生态系统，并尽量多的让人能感受到自然的生态系统。

2.2.4 可持续性原则

以可持续发展为导向，运用规划设计的手段，结合自然环境，将景观规划设计对环境的破坏性影响降低到最小，并且对环境和生态起到强化作用，同时还能够充分利用自然可再生能源，节约不可再生资源的消耗。

2.3 规划目标

规划将以大西安体育功能区综合服务区为核心，以地域古今文脉承接为线索，以库区三大人工湖泊为依托，构建体系化城市休闲旅游产品谱系，打造集自然生态、文化展示、商务休闲、康体娱乐等为一体的综合性大西安体育功能区中央公园。区域将成为新城未来发展的提升引擎和片区重要的旅游的窗口。

2.3.1 秦汉生活掠影，古今文脉承接

大西安体育功能区依托五陵塬和西安、咸阳，既有浑厚的文化底蕴，又有现代创新型城市的特性。

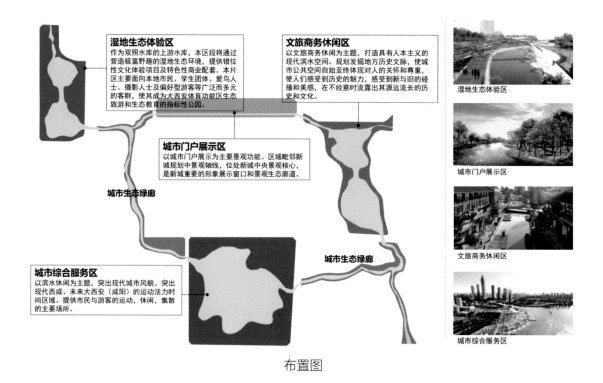

布置图

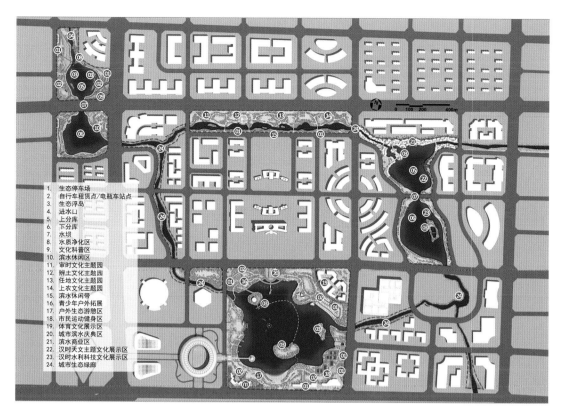

1. 生态停车场
2. 自行车租赁点/电瓶车站点
3. 生态浮岛
4. 进水口
5. 上分库
6. 下分库
7. 水坝
8. 水质净化区
9. 文化科普区
10. 滨水休闲区
11. 审时文化主题园
12. 辨土文化主题园
13. 任地文化主题园
14. 上农文化主题园
15. 滨水休闲带
16. 青少年户外拓展
17. 户外生态游憩区
18. 市民运动健身区
19. 体育文化展示区
20. 城市滨水庆典区
21. 滨水商业区
22. 汉时天文主题文化展示区
23. 汉时水利科技文化展示区
24. 城市生态绿廊

总平面图

选取最具代表性的文化题材，突出文化特色，纳入新城绿地文化版图。环库公园景观形式可把这两者结合起来，为浑厚的秦汉文化和现代城市生活提供完美的衔接。

策略为：①完整性：清晰而连贯的文化主题脉络传承；②项目化：文化产品项目化，而非符号式的文化复制；③体验化：物质化和体验化的结合构成文化的传承。

2.3.2 不间断的水流，不间断的城市活力

沿环库公园城市界面展开的互动空间，形成连续景观活动功能体系。为满足不同客群的体验需求，因地制宜安排不同且适度的活动空间，同时根据不同的活动类型对空间场所进行不同比例的分配。

策略为：①城湖一体：充分加强城市与水库湖体的联系，根据宏观城市定位与周边地块用途确定景观功能；②激活堤内：出于水库安全、土方平衡等一系列问题，环库绿地平均高程将与库内常水位产生较大高差，因此堤内必将是重要的亲水活动空间；③活跃水体：加强水面活动，利用南库水域进行休闲水体活动。

2.3.3 生态体验，打造西咸地区海绵城市新模式

充分展现水库景观的湿地特性，利用地势特点和湿地生态功能构建城市低经济投入高社会效益的无动力水质净化工程，在此基础上增设体验参与性的亲水活动，构建城市与生态和睦共存景观。

策略为：①尊重水文：保证库区水利功能；②复育生态：利用土壤、动植物等原初生态基质，重构生态系统；③功能提升：最大化利用人工湿地特点构建水质净化体系。

3 工程规划设计
GONGCHENG GUIHUA SHEJI ....●

3.1 总体规划布局

3.1.1 景观和空间格局分析

规划区所在地历史悠久、文化底蕴深厚，包括秦汉文化、农耕文化、绿色生态文化等。设计以古今文化承接为线索，贯穿规划范围内四大片区绿地，以商贸综合服务区、奥体中心、商务会展中心、文化体验区为依托，串联起了若干个文化主题园，展示大西安（咸阳）悠久历史文化，谱写新城气象。根据区域周边场地特质，将区域按库区依次分为湿地生态主题园、体育文化主题园、汉时文教主题园、秦时农耕主题园。

3.1.2 景观空间视线分析

为满足土方平衡，规划区内绿地将较现状高程整体平均抬高 5m，由此将在环湖区形成俯瞰水景的效果。此外，河岸线以内设计的库内环湖路将是近距离欣赏水面的最佳观赏面，应加以充分利用。

3.1.3 景观功能结构布局

作为新城未来的中央滨湖公园，规划在对各库区道路交通、立地条件、土地利用规划等进行充分分析的基础上划分绿地内部功能和创造合理的景观空间结构，创造多样化的开放空间，提供新城居民丰富的滨水生活空间。根据区域周边用地情况，将区域按库区依次分为湿地生态体验区、城市综合服务区、文旅商务休闲区、城市门户展示区，以人的活动聚集为尺度，设置参与性的趣味性设施，达到可观赏、可参与、可停留、可游憩的目的。

3.1.4 水系格局分析

通过设计创新解决人水和谐和城市防洪排涝的矛盾。兴建防洪工程需要充分考虑生态环境、人文景观。以"人水和谐相处"为目标，将河堤分为两级（库内环库路及库外环库路），一旦发生洪涝，可以有效地抵御河水侵入市区。

3.1.5 游憩布局

设置休闲、娱乐、观光、餐饮、购物等多种设施，以便产生一种有吸引力的都市氛围，体现公共性、多样性、延续性、层次性和立体化。打造不同分区，并结合各个分区的定位打造相应的旅游和市民公共活动设施，提升城市滨水地区的活力，市民休闲与特色旅游项目相结合，使分区间相互异质，各具特色。

3.2 生态湖体专项规划

3.2.1 规划理念与目标

3.2.1.1 规划理念

湿地是与人们联系最紧密的生态系统之一，对城市湿地景观进行生态设计，加强对湿地环境的保

日景鸟瞰效果图   夜景鸟瞰效果图

护和建设，具有重要意义。

　　① 能充分利用湿地渗透和蓄水的作用，降解污染，疏导雨水的排放，调节区域性水平衡和小气候，提高城市的环境质量；②为城市居民提供良好的生活环境和接近自然的休憩空间，促进人与自然和谐相处，促进人们了解湿地的生态重要性，在环保和美学教育上都有重要的社会效益。一定规模的湿地环境还能成为常住或迁徙途中鸟类的栖息地，促进生物多样性的保护。

　　此外，利用生态系统的自我调节功能，可减少杀虫剂和除草剂等的使用，降低城市绿地的日常维护成本。

3.2.1.2 规划原则

　　（1）滨水环境修复——自然栖息地回归。恢复滨水地区的植物群落，增加小型生态岛，恢复本地滨水环境特有的生态群落和绿色护岸，提供优良的自然栖息地。

　　（2）水质净化与雨水收集——水之园营造。使用湿地植物的净水功能来净化地表水，同时收集和利用雨水，用于保持生态平衡，丰富边缘效应。

　　（3）人与自然的沟通——绿色驻足点。滨水休闲空间和农家生态休闲完美融合，提供缤纷多样的亲水空间和可达途径，使生活在繁忙都市中的人们在自然中放松和休闲。

　　（4）城市文明与科技的结合——科普教育基地。建立完善的湿地科普教育系统，湿地可以成为重要的科普基地。

3.2.1.3 规划目标

　　通过合理的生态系统设计，通过湿地过滤和截留取出颗粒物，对水体进行微处理达到净化水质的目的，同时以湿地景观保护实现物种多样性的保护，为城市居民创造良好的亲近自然的生态场所，提供自然教育的场地，是城市湿地公园设计的主要目标。针对本项目的特殊性，我们提出以下生态设计目标。

　　（1）营造独特的地域湿地景观，保持周边区域生态环境，维护流域生态平衡。

　　（2）净化提升公园水质，保持水环境的稳定，满足公园水体的游憩功能。

　　（3）湿地系统功能运转良好提高野生动植物的丰富性和多样性，营造物种的天然栖息地。

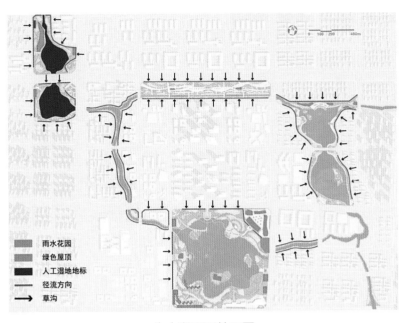

雨水花园
绿色屋顶
人工湿地地标
径流方向
草沟

生态湖平面效果图

（4）科普教育及示范功能，并为西咸新区海绵城市的打造提供参考。

3.2.2 总体规划方案

运用人工湿地、雨水花园、绿色屋顶相结合的方式，构建新城海绵城市的系统结构。

在水处理方面，通过两种于法进行中水的回收与处理：一是水库进水池中的出水进入人工湿地进行进一步的净化，通过植物—动物—微生物的食物链关系降解有机物质，以保证通过湿地水库处理后的水质达到国家三类水标准；二是利用生态草沟、透水地面、下渗沟和雨水花园等各种生态设施收集和预处理雨水，并输送地表径流进入人工湿地进行净化。

此外，在红线范围内的建筑建议使用屋顶绿化，未来在城市建设过程中选择试点推广。

3.2.3 人工湿地水质净化和保持方案

人工湿地是一个综合的生态系统，它是应用生态系统中物种共生、物质循环再生原理、结构与功能协调原则，在促进水体中污染物质良性循环的前提下，充分发挥资源的生产潜力，防治环境的再污染。本案的人工湿地处理系统采用复合式人工湿地系统，具体有自由表面流人工湿地处理系统、水平潜流湿地处理系统和垂直潜流人工湿地处理系统三部分组成。

3.2.3.1 水平潜流湿地

在水平潜流系统中，污水由进水口一端沿水平方向流动的过程依次通过砂石、介质、植物根系，流向出水口一端，以达到净化目的。

3.2.3.2 垂直潜流湿地

在垂直潜流系统中，污水由表面纵向流至床底，在纵向流的过程中水流依次经过不同的专利介质层，达到净化的目的。垂直流潜流式湿地具有完整的布水系统和集水系统，其优点是占地面积较其他形式湿地小，处理效率高，整个系统可以完全建在地下，地上可以建成绿地以配合景观效果。

3.2.3.3 自由表面流湿地

在自由表面流湿地中，水体运动形式主要是以地表水流为主，水面一般较大，较宽阔，由于水体的空气和土地的接触面积比较大，停留的时间比较长，通过植物茎叶的拦截、土壤的吸附过滤，污染物自然沉降，达到净化水体的目的。此类湿地形式需结合湿地雨水花园应用。

3.2.3.4 生态浮岛技术

生态浮岛技术通过植物根系和填料上栖息的微生物和各种微型动物等组成的复合系统，形成一道

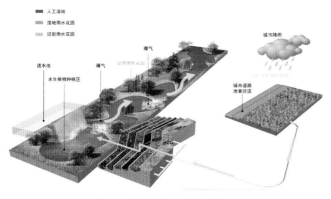

人工湿地生态系统示意图

湿地

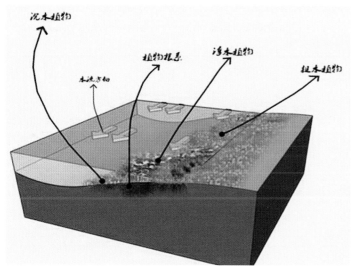
潜流湿地

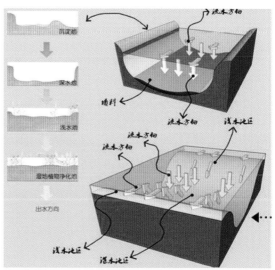
垂直潜流湿地

生物屏障，植物根系对水中悬浮物具有一定的吸附和絮凝作用，同时结合植物根系的放氧功能形成的微好氧环境，能一定程度降解有机物，降低水体中 COD、悬浮物，增加水质含氧量，有助于水体的深度处理和洁净好氧生态系统的形成。

3.2.4 生态驳岸设计

3.2.4.1 水体形态

鉴于项目可操作性、建设成本控制、景观视觉效果等因素考虑，将西库、东库原岸线进行微调，使分坝区域的河道变窄，水坝的宽度缩短。

3.2.4.2 生态护岸

作为水陆交界地带的湿地岸边环境应在能够保持水库安全的基础上覆盖浅层土壤砂砾代替人工砌筑，并在水陆交界的自然过渡地带种植湿生植物。这样，既能加强湿地的自然调节功能，又能为鸟类、两栖爬行类动物提供理想的生境，还能充分发挥湿地的渗透过滤作用，在视觉效果上形成自然和谐又富有生机的景观。

3.2.4.3 雨水花园设计

雨水水质的控制是通过雨水最佳管理实践实现，该系统的基本组成部分包括集水区、传输系统、

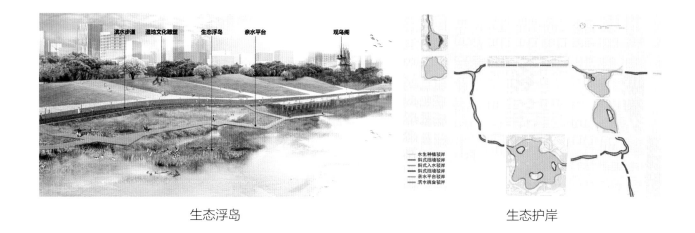

生态浮岛　　　　　　　　　　　　　　　　　生态护岸

储存区域等，相对传统的雨水传输系统而言（利用市政雨水管道等直接将未经处理的地表径流输送至基地外），本次滨水区域设置多处雨水生态控制设施（雨水花园、滞留池等），作为第一道拦网，去除雨水中可能的污染物质，多余雨水利用重力流通过草沟、生态滤水带等流入市政管网或直接流入河流。从而达到整地地表径流的目的。另外，通过多样化的雨水生态处理和传输系统，也构成了基地内线性的景观生态廊道。

以环境风险管理方法为基础，雨水水质改善为目标，进行规划区域雨水水质改善计划。在道路旁进行草沟和雨水花园相结合的城市水环境规划设计，改善来自道路的雨水水质。在建设区内，对于高、中、低密度开发，采取不同面积的雨水花园。高密度区（如中央商务区、展示中心）雨水花园面积约为汇水区域的 2% 中密度区（如标准的居住区），雨水花园面积约为汇水区域的 1% 低密度区（如高端住宅 / 别墅区）不进行具体的城市水环境规划设计措施。

3.3 专项景观设计

3.3.1 植物配置设计

3.3.1.1 设计原则

（1）建设节约型城市园林绿化。

1）加强科学规划设计。要通过科学的植物配置，增加乔灌木地被种植量，努力增加单位绿地生物量，充分利用有限的土地资源实现绿地生态效益的最大化。

2）积极提倡应用乡土植物。在城市园林绿地建设中，要优先使用成本低、适应性强、本地特色鲜明的乡土树种，积极利用自然植物群落和野生植被，大力推广宿根花卉和自播能力较强的地被植物，要推进乡土树种和适生地被植物的选优、培育和应用，培养一批耐旱、耐阴、耐污染的树种。

3）以抗逆性强的树种为主，树木的功能性和观赏性相结合。抗逆性强是指抗病虫害、耐瘠薄、适应性强的树种，选用这种树木作为城市的主体树种，无疑会增强城市的绿化效益。但是抗逆性强的树种，不一定在树势、姿态、叶色、花期等方面都很理想。为此，在大量选择抗逆性强的树种的同时，还要选择那些树干通直、树姿端庄、树体优美、枝繁叶茂、冠大荫浓、花艳芳香的树种，加以配置，只有这样才能形成千姿百态、五彩缤纷的绿化效果。

（2）突出地方历史文化氛围。城墙属于古代军事防御设施，氛围应是沧桑雄壮、气势庄严。植物配置上以常绿植物（如松柏类）和硬线条植物（如槐树、杨树、椿树）为主，兼顾植物的文化含义，烘托一种厚重浓厚、有历史积淀感的气氛，使游人充分感受到古代军事防御的坚固质感，感受历史、荡气回肠。

（3）营造地方特色绿化效果。以落叶乔木为主，实行落叶乔木与常绿乔木相结合，乔木和灌木相结合。重要节点的绿化主体是落叶乔木，只有这样才能起到使用舒适和形成特色的作用。同时选择落叶乔木更有利于漫长冬季的采光和地面增温。此外，为了减少某些落叶乔木产生的飞絮污染，在选择这类树种（如杨、柳等）时要注意选择雄株。当然，为了创造多彩的园林景观，适量地选择常绿乔木是非常必要的，尤其是对于冬季景观更为重要。但是常绿乔木所占比例，应控制在 20% 以下，否则，不利于绿化功能、作用的发挥。

实行落叶乔木与常绿乔木相结合，乔木和灌木相结合。适量地选择落叶灌木和常绿灌木是十分重要的，因为灌木不仅能增加绿量，还能起到增加绿化层次和美化、彩化作用。

3.3.1.2 种植规划分区

堤坝线外侧将以"点上建设，线上连接"为原则，逐步打造景观公园与城市带状空间。堤外绿地除同样保持本区特质外，景观树种的种植密度将大为增加，同时景观类植被更加丰富，提升大西安体育功能区城市形象。

（1）湿地生态体验区。兼具生态、教育、休闲功能的植物配置，以多种植被建立动物栖息地，同时在不同区域栽植景观类植被。该区域主打"放松野趣的户外生活体验"，为打造独特魅力的野营体验，植物设计中融入此主题，主要采用一些极具野趣，粗放管养的植物，避免束手束脚的不适宜的环境。

（2）城市综合服务区。该区域主要为运动类场地，所以以观赏价值高、形态好，并具有芳香气味的植物为主体。植物分泌的芳香油类具有强杀菌能力，可以达到强身健体的目的。植物整体形成城市公园的风貌，以景观植被为主，建立滨水休闲空间，尊重现有生态环境，坚持植被本土化、易养护和季相性特质，形成特色城市公园景观。

（3）文旅商务休闲区。该区域以组建汉时文化，打造商业水街为主旨。以色叶植物为主，采用色彩艳丽的乔木、灌木、地被，烘托热烈的氛围。

（4）城市门户展示区。整个区域主要围绕"农耕文化"主题，展现传统农业技术、水利文化等。该区域主要以当地本土植物组成适生植物群落，烘托地域特色，再将丰收吉祥之意的植物配以点缀，将主题升华。

3.3.2 道路铺装设计

3.3.2.1 园路

（1）广场铺装。广场铺装材料感应先滑细密，突出精致、高雅、华贵，且尺度感较小。铺装色彩应多样化，以浅色，明快色和灰色为主。

（2）滨水步道铺装。铺装风格大气同时不失亲民性。材质可选择的范围较广。色泽以灰色系及木色纹理为主。

铺装意向图

双照水库效果图

体育文化展示区——船形码头　　　　　　　　户外生态游憩区——景观挑台

青少年拓展区——拓展园　　　　　　　　城市滨水庆典区——市民庆典广场

体育文化展示区——儿童游戏场

（3）内部游步道铺装。铺装风格要体现亲民性及舒适性。材质可选择的范围较广。色泽选择要符合场地的特性，与周边构筑物相协调，多采用暖色系，体现亲民特性。

3.3.2.2 道牙

铺装道牙及路缘时，选择与周围环境以及邻近区的特征相配的细部处理形式，纹理和色彩使边缘修饰功能大大地提升，增加室外空间的美感。路缘稍高于总的地坪高度，诸如起制止作用的表面或起警告作用的横卧在路面上的混凝土长条等。竖立的道牙用花岗石龟、暗色岩，砂岩，再生石，预制混凝土或砖制成。与路面齐平或低于路面的边缘处理可以利用上述材料，也可用卵石，小方形砌块，现烧混凝土、沥青和松散材料（包括砾石、较大石块和松散的卵石）等等埋入混凝土。

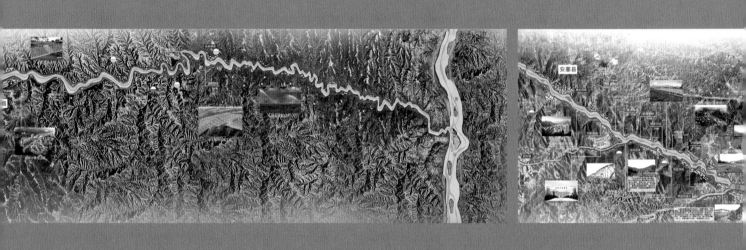

陕西省延河综合
整治规划

1 工程基本情况
GONGCHENG JIBEN QINGKUANG ....●

1.1 工程背景

延河，有着悠久的历史和灿烂的古代文明，她不仅哺育了延安儿女，也养育了中国革命。延河发源于靖边天赐湾高岇山，流经安塞、宝塔、于延长凉水岸注入黄河。全长 286.9km，流域面积 7725km²。主要有坪桥川、杏子河、西川河、南川河、蟠龙川等支流汇入。延河连接安塞县城、延安中心城区、延长县城及 12 个重点城镇、重要产业园区，流域总人口 78.22 万人，占全市 35.3%。延河流域 2015 年国民生产总值 387.25 亿元，占全市 28%，地方财政收入 77.7 亿元，占全市 46.2%，是延安市政治、经济、文化的核心区域。

1.2 工程现状及存在问题

新中国成立后，特别是改革开放以来，在陕西省省委、省政府的大力支持和西安市委、市政府的坚强领导下，各级党委政府带领广大干部群众，坚持不懈地开展了延河防洪治理和水利水保工程建设，取得显著成效。重大水利工程建设加快推进，民生水利事业较快发展，生态环境显著改善，经济社会快速发展。但是，由于地处黄土高原丘陵沟壑区，水土流失严重，干流缺乏必要的防洪骨干性调蓄工程，设堤河段比例严重不足，防洪问题依然是延河流域的心腹之患。加之近年来流域内水质污染较为严重、水资源短缺、水环境恶化等，严重制约了流域经济社会持续健康发展。

（1）防洪体系不健全，洪水灾害依然是心腹大患。延河干、支流仅有堤防工程 86km，且质量标准低，无堤河段多，缺乏控制性调洪工程，防洪体系不健全、不完善，基础设施薄弱，防洪安全得不到根本保障。按照国家防洪标准，延安城区应为 50 年一遇，国家级重点文物古迹堤段应为 100 年一遇。但目前延河堤防少，标准低，无堤河段占干流河长的 87%，延安城区防洪标准低于 30 年一遇。安塞、延长县城及沿线乡镇、3 个市级工业园区均低于 20 年一遇。历史上延河曾多次发生洪灾，尤其是 1977 年 7 月特大洪水，延安城区大部分被淹没，造成了重大人员伤亡和财产损失。

（2）水资源供需矛盾突出，严重制约经济社会可持续发展。延河流域人均水资源占有量 375m³，仅为全省的 28%、全国的 17%。近年来延河径流量逐年减少，年径流量由 2001 年的 1.4 亿 m³ 减少到 2015 年的 2900 万 m³，2015 年平均流量不足 1m³/s，枯水期甚至出现断流。水资源开发难度大、成本高，开发利用率不足 20%，远远不能满足工农业生产和群众生活用水需求。

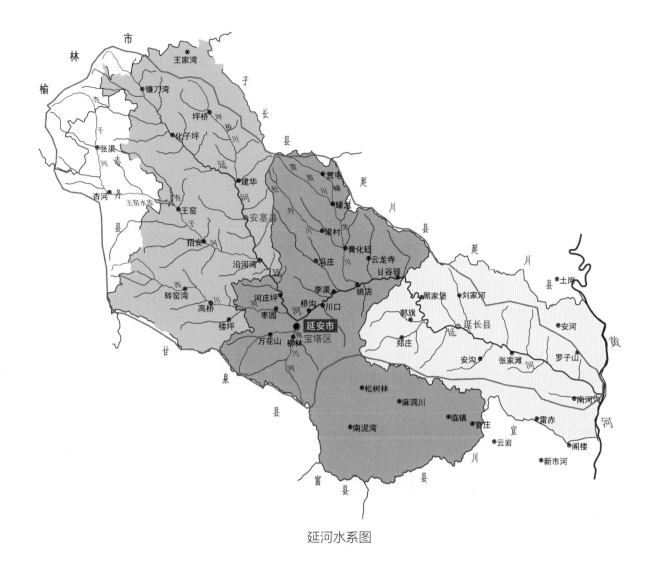

延河水系图

（3）水土流失严重，水土保持生态文明建设任务艰巨。流域水土流失面积 7127km²，占总面积 92%。虽经多年治理，但目前土壤侵蚀模数仍高达 9000t/（km²·a）。加之人为水土流失未根本遏制，水土保持生态文明建设任务仍十分艰巨。

（4）水生态建设滞后，河床淤积严重。延河流域属极强烈侵蚀区，河流泥沙含量大，多年平均输沙量 3124 万 t。王瑶水库自 1972 年建成运行以来，已淤积库容 1.35 亿 m³，占到总库容的 2/3。延安城区段河道近五年淤积厚度达 1.5m。

（5）水污染严重，水生态环境不断恶化。伴随资源开发建设和工农业生产活动日益增多，流域内污水收集处理系统不完善，点源污染与面源污染并存，污染物种类较多，河流生态不断恶化，五个省控断面监测大多为Ⅳ类和Ⅴ类水质。

2 综合治理的必要性及原则
ZONGHE ZHILI DE BIYAOXING JI YUANZE ....●

2.1 综合治理的必要性

2.1.1 实施延河综合治理，是延安老区加大脱贫攻坚开发建设的紧迫需要

2012 年 3 月,国务院国函〔2012〕16 号批复了《陕甘宁革命老区振兴规划》。2016 年 2 月,中央委员会办公厅、国务院办公厅印发《关于加大脱贫攻坚力度支持革命老区开发建设的指导意见》,陕甘宁革命老区地位特殊,老区人民为中华民族解放和新中国的建立做出了巨大牺牲和不可磨灭的贡献,在新形势下加快老区振兴,具有重大的历史意义和现实意义。位于延河流域的延安是革命老区,是陕甘宁革命老区的核心区域,延河综合治理就是振兴革命老区的具体实施和关键举措,尽快实施延河综合治理,使河现其流,水见其清,惠泽两岸,造福人民,势在必行,迫在眉睫。

2.1.2 实施延河综合治理是省委、省政府贯彻中央新时期治水理念的重要举措

实施延河综合治理工程是省委、省政府贯彻五大发展理念,持续推进水利和生态建设的重要举措,是落实习近平总书记关于"山水林田湖"一体化治理指示精神的具体行动。通过科学规划、综合平衡、分步实施、系统治理,围绕安澜、生态两大目标,以固堤、疏浚、截污、保水为主要任务,尽可能疏通水、留住水、用好水,改变延河流域面貌,使其成为革命圣地延安美丽的风景线。实施延河综合治理后将加固河堤,使绿化和景观建设融为一体,河道疏浚与退耕还林还草融为一体,提升水质与沿线城镇污染治理融为一体,各项治理与保护文化遗存融为一体,使治理既增强防洪能力、优化生态环境,又改善人民生活、彰显圣地文化内涵。

2.1.3 实施延河综合治理,是防洪保安的紧迫需要

延河流域地处黄土丘陵沟壑区,汇流条件复杂多变,使得洪水一般呈现来势猛、暴涨暴落、峰高量小、峰型尖瘦、含沙量大的特点,洪水灾害给沿河两岸经济社会发展和人民生命财产安全带来了严重威胁,防洪问题已成为延河流域乃至全省人民的心腹之患。

多年来,各级政府组织修建了大量防洪工程,发挥了重要作用,但远不能满足经济社会发展。干流缺乏控制性调洪工程,已建堤防设防标准低,无堤段大量存在,防汛指挥系统尚不健全,远未形成完整有效的防洪保安体系。防洪保安乃沿河群众的强烈期盼和经济社会发展之迫切需求。

2.1.4 实施延河综合治理是落实党的十八大精神,建设生态延安的重要举措

延河流域沟壑纵横,地形支离破碎,生态环境脆弱,极易形成水土流失,开展水土保持治理历来是延河流域治理工作的重中之重。近年来水保治理工作取得了一定成效,特别是退耕还林实施以来,流域内生态环境显著改善,水土流失状况有所好转,但是,与建设生态延安和经济社会发展以及人民群众生活质量迅速提升的要求相比还有很大差距。因此,加快开展水土保持治理，坚持尊重自然、顺应自然、保护自然的理念，维护区域生态环境安全稳定，把生态文明放在更加突出的地位，进一步改善和提高城乡群众生存条件和生活质量，实施延河综合治理十分必要而迫切。

2.1.5 实施延河综合治理，是促进循环经济发展、群众富裕幸福的重要保障

实施延河综合治理，提升水资源保障能力，改善优化投资环境，对促进产业向沿河聚集、加速区域城市化进程，都具有重大的现实意义。延河流域是延安市城镇建设、能源化工建设和文化旅游产业发展的重点区域，实施延河综合治理关系到整个流域水系生态改善、城镇建设和产业发展。因此进一步加大防洪保安工程、水土保持工程、水源配置工程、水环境治理工程和水生态修复建设工程等，着力提高抵御洪水能力，有效缓解水资源供需矛盾，显著改善河道环境质量，全面提升延河的承载能力和支撑能力，从而带动和保障沿岸经济社会又好又快发展，对于延安市实现"圣地延安、生态延安、幸福延安"的宏伟目标，具有重要意义。

2.2 指导思想及原则

2.2.1 指导思想

遵循"创新、协调、绿色、开放、共享"发展理念，坚持"节水优先、空间均衡、系统治理、两手发力"治水方针，统筹上下游，兼顾左右岸。以"养、护、治、防"为重点，实施综合治理，尽快提升防洪能力，大力改善生态环境，以实现延河防洪安全、两岸秀美、绿色生态、人水和谐为总体目标，把延河建设成为带动革命老区发展的经济带、城镇带、产业带、生态带、景观带。全面塑造圣地之水，魅力延河，为建设圣地延安、生态延安、幸福延安提供坚强保障。

2.2.2 综合治理原则

（1）坚持全面、协调、可持续原则。正确处理远景与近期，上游与下游，整体与局部、保护与开发之间的关系，顺应自然规律和社会发展规律，合理开发、优化配置、有效保护水资源，实现水环境修复，维护良好的水生态环境，实现人水和谐。

（2）坚持防洪优先、综合治理原则。以保障沿岸人民群众生命财产和城镇等重要保护对象安全为目标，把防洪减灾作为首要任务，按照"上蓄下疏、蓄泄结合、以泄为主、标本兼治、综合治理"的方针，安排好防洪工程措施与非工程措施，形成完整的防洪保安体系。

（3）坚持民生工程为主原则，全面推进生态文明建设原则。面对延河流域资源短缺、环境污染严重、生态系统退化的严峻形势，以节约资源、环境保护、生态自然恢复为主要手段，形成统一的有机整体，以民生工程为重点，构成延河流域生态文明建设体系，努力实现社会经济发展与生态环境保护协调发展。

（4）坚持水资源可持续利用的原则。水资源的开发利用要与延河流域经济社会发展的目标、规模、水平和速度相适应，并适当超前。优化配置地表水与地下水、当地水与外流域调水、常规水源与非常规水源等多种水源。经济社会的发展要与水资源的承载能力相适应，城市发展、生产力布局、产业结

构调整以及生态环境建设都要充分考虑水资源条件。

（5）坚持承接与创新并举、开发与保护并重原则。强化责任意识，抢抓战略机遇，坚持承接与创新并举、开发与保护并重，加快转变发展方式，不断增创发展优势。

（6）坚持因地制宜、统筹发展的原则。按照城乡、区域统筹发展的要求，对流域内的重点防洪保护区、水土流失、水污染和水生态环境重点治理区，分别制定切实可行的方案。

3 综合治理规划
ZONGHE ZHILI GUIHUA............................●

3.1 治理范围

延河综合治理工程治理范围是延安市延河流域，根据不同工程特性确定本次治理工程范围。

（1）防洪保安工程。延河干流安塞县镰刀湾至延长县张家滩镇，河长 217.8km；坪桥川、杏子河、西川河、南川河、蟠龙川等 11 条主要支流。

（2）水土保持、水资源配置及水环境治理工程。延河发源地靖边县天赐湾高峁乡至延河入黄河口，治理范围面积 7321km²。

（3）水生态修复工程。延河水生态修复以城市河段为重点，突出延安市城区，安塞、延长两个县城和部分重点镇及沿河工业园区。

3.2 治理目标

延安市区防洪标准达到 100 年一遇，安塞、延长县城及工业园区达到 30 年一遇，沿河乡镇达到 20 年一遇，干流农防段达到 10 年一遇；全流域水土流失治理程度达到 75%；延河水质达到三类，水量达到生态用水标准；城乡集中供水水源地水质达标率达到 100%，重点企业废水排放达标率达到 100%。

3.3 治理任务

延河综合治理主要实施防洪保安、水土保持、水资源配置、水环境治理和水生态修复工程建设等五大工程。

防洪保安工程主要分为以下几个部分。

（1）干流。延河干流范围上游自安塞县镰刀湾镇起，下游至延长县张滩镇延河干流，涉及安塞、宝塔及延长共 13 个镇。干流建设堤防长度 125.28km。

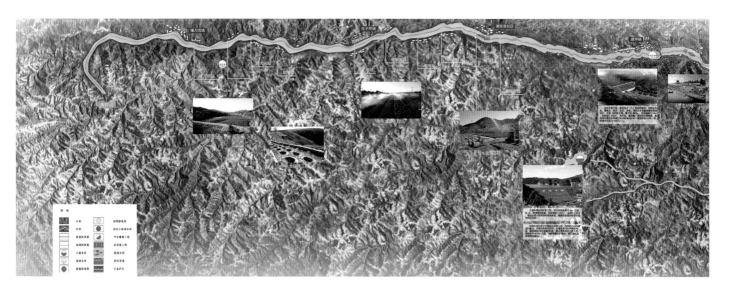

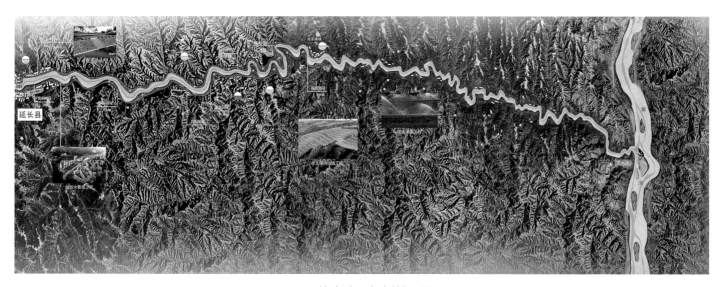

延河综合治理规划效果图

（2）支流。延河支流范围包括延河的杏子河、西川河、南川河、杜甫川、蟠龙川、石公河等 11 条重要支流 13 个沿河重要乡镇。支流建设堤防长 60.36km。

（3）河道整治工程。本次清障工程干、支流长度共计 1.4km；干、支流疏浚长度共计 27.11km。交通桥梁共 7 座，其中干流 3 座，支流 4 座。穿堤建筑物包括下河踏步共计 372 处；穿堤涵洞 29 座；排污管延长 210m。截污箱涵长度共计 19.46km，其中干流段长 7.76km，支流 11.7km。建成覆盖全流域的防汛监测预报、监控预警和指挥调度系统。

（4）水土保持工程。实施清洁小流域治理 112 条，新增治理面积 1740km²，累计治理面积 5350km²；规划新建淤地坝 398 座、加固淤地坝 703 座，拦泥库容 8670 万 m³，可淤地 840hm²。实施西北川和延安新区城市水土保持示范治理，治理面积 416km²。建设小型水利工程 1910 处，发展节水灌溉面积 10 万亩。

（5）水资源配置工程。加快黄河引水工程建设，实施王瑶水库加坝工程，新增库容 1.34 亿 m³；实施城区中水回用工程，日补水 1 万 m³；实施引洛济延生态补水工程，日补水 10 万 m³。新建楼坪、康家沟等 9 座中小型水库，总库容 7516 万 m³，年供水量 1932 万 m³。实施西北川供水与农村饮水安全巩固提升工程。

（6）水环境治理工程。实施王瑶水库水环境治理和红庄水库水生态修复工程，整治坪桥川、杏子河、西川河、南川河、蟠龙川等 5 条重要支流。河道 18km，岸坡防护 23km，并新建一批前置库和拦污闸坝工程，大力整治河流集中排污口。开展水源地保护、村镇生活污水固废垃圾处理、规模化畜禽养殖治理、石油污染控制等农村环境连片综合整治，改建扩建城镇污水处理厂 10 座，建成小型污水处理设施 300 处，清洁文明井场建成率 95%。

（7）水生态修复工程。新建、改造合页坝 3 座，水景观工程 13 处，生态湿地 7 处，在王家坪、宝塔山、罗家坪等河段建成河滩公园 5 处，重要河段建设滨河景观长廊、生态岸线、河滩绿化和生态护坡工程，形成水域面积 32.87km²（4.93 万亩），新增绿化面积 183.1 万 m²（2747 亩）。

4 规划效果展望
GUIHUA XIAOGUO ZHANWANG ....•

延河综合治理是实现新时期延河经济社会全面发展宏伟蓝图的重要基础。通过综合治理，有力带动延河流域超常规发展，成为革命老区振兴的典型样板，实现经济繁荣，生态良好，社会和谐。通过综合治理，延河实现堤固洪畅，水清岸绿，良田万顷，林草丰茂，焕发出新的盎然生机，呈现出更加生态安澜的面貌。通过综合治理，推动农业产业规模发展，工业园区优化聚集，文化旅游载体丰富，交通运输便捷通畅，城市建设日新月异，河道自然环境与人工景观有机融合，良好的地域资源优势与综合经济产业紧密结合，清亮的延河水像一条玉带蜿蜒穿行其间，两岸迅速发展的城镇，就如镶嵌在玉带上的颗颗璀璨明珠。

"宝塔山笑来延河水唱"，曾经哺育了中国革命的延河水，今后将身披绿纱，以清新秀美之姿穿沿在延安的沟峁新城间，唱响一曲魅力延河之歌。延安——中国革命的圣地，将会以全新的姿态展现在中华大地。

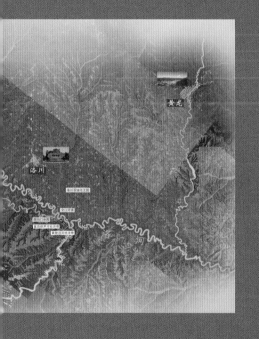

陕西省延安市洛河综合整治规划

1 工程基本情况
GONGCHENG JIBEN QINGKUANG ....

1.1 地理位置

　　洛河，贯穿黄土高原、连接渭河盆地，全长 680km，流域面积 2.69 万 km²。发源于榆林市定边县，河源分西支石涝川，中支水泉沟，东支乱石头川 3 条支流，在吴起县汇流后称为北洛河，于黄陵县田庄镇出境。延安市流域范围包括吴起、志丹、甘泉、富县、洛川、黄陵、黄龙七县。流域面积 1.79 万 km²，干流河长 385km，主要支流有周河、沮河、葫芦河、石堡川、乱石头川等，涉及吴起、志丹、甘泉、富县、洛川、黄陵、黄龙七县。

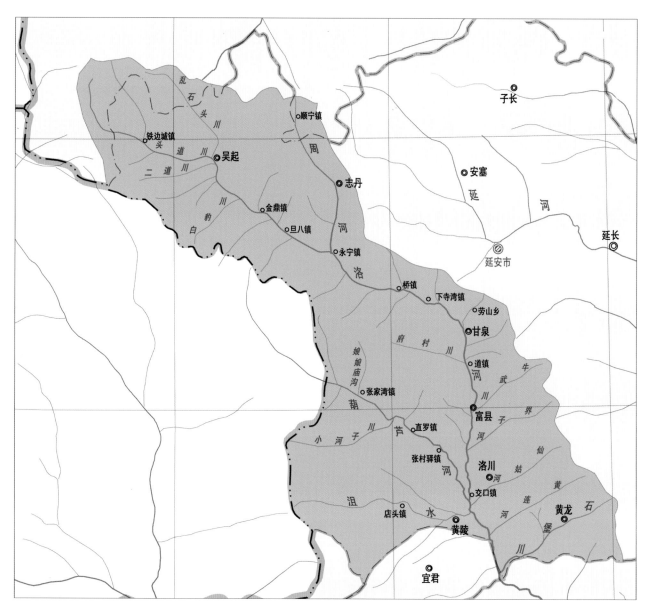

洛河地理位置图

1.2 自然条件

延安市洛河流域地势西北高，东南低，流域内梁峁起伏、沟壑纵横、地形破碎。流域属典型的大陆性季风气候，年平均降水量为 380 ～ 630mm，降水年际变化大，年内分配不均，多集中于 6—9 月，且多以暴雨形式出现，汛期降水占全年总降水的 75% 左右。洛河属降水补给型河流，多年平均径流量 6.04 亿 m³，其年际、年内变化与降水分布一致，7 月、8 月径流量占年径流量的 40% 以上。流域洪水多由暴雨产生，一般具有来势猛、历时短、暴涨暴落、峰高量大、峰型尖瘦、含沙量大等特点。同时，洛河还是一条多泥沙河流，是黄河泥沙的主要来源地之一，年平均输沙量 8696 万 t，其中 6—8 月的输沙量占全年输沙量的 93% 以上。

1.3 当地经济文化

洛河有着悠久的历史和灿烂的古代文明，沿河两岸有着丰富的历史遗迹、革命纪念地以及人文景观。其中，以黄帝陵为代表的中华民族圣地，洛川会议旧址、吴起红军长征胜利纪念园等革命旧址，是中国革命和延安精神的实物见证和国之瑰宝。这些珍贵的历史遗迹，构成了红色文化与传统文化交相辉映、历史文明与现代文明相得益彰的发展格局。近年来，在党中央、国务院的重视关怀下，省委省政府的正确领导下，经过多年不懈努力发展，洛河流域经济发展有了显著的成效，基本形成了石油、煤炭以及生物开发、以苹果、红枣种植、加工，畜牧养殖为主的现代农业产业基地。2013 年洛河流域总人口 85 万人，国内生产总值 726 亿元，农田有效灌溉面积 22.27 万亩。

1.4 工程现状及存在问题

1.4.1 防洪体系不健全，沿河城镇防洪安全隐患严重

洛河洪涝灾害频繁，沿河两岸城镇经常受到洪水侵袭，大洪水发生几率较高，局部小范围洪水几乎年年发生，是典型的洪水灾害多发区，给流域经济社会和两岸人民的生命财产造成重大损失。新中国成立以来，洛河流域洪水造成累计受灾农田面积 4.1 万 m²（62 万亩）次，累计受灾人口 110 万人次，直接经济损失超过 22 亿元。

洛河防洪工程建设始于新中国成立后，半个多世纪以来，党和政府带领沿河人民群众，进行了大规模的防洪工程建设，初步形成了以堤防工程为主的洛河干流及主要支流防洪体系。截至目前，洛河干流已修建堤防和护岸长度 35.76km。已成的防洪工程，虽对减轻洛河的洪水灾害发挥了重要作用，但由于建设资金有限，工程治理段较少，防洪工程体系不完善；已建堤防标准普遍偏低，现状防洪设施薄弱；管理、预警预报系统不健全；抢险道路不畅，设备不足，远未形成安全有效的防洪体系，不能适应当今及未来社会经济发展的需要，存在很多急待解决的突出问题。

1.4.2 水源工程建设滞后，水资源利用率低

延安市洛河流域水资源总量 6.75 亿 m^3，水资源可利用量 3.98 亿 m^3，可利用率 59%，水资源开发利用程度较低，水源工程建设滞后，重点城镇缺水严重，制约当地经济社会发展。目前，洛河干流还没有一座具有调蓄能力的水库工程，已成的蓄水工程都建在支流上，已成工程水量调节能力较差，特别是无法对干流水量进行调节。

洛河流域现状供水能力约 1.11 亿 m^3、需水量 1.46 万 m^3，缺水量 0.35 万 m^3，缺水率 24.1%，与流域今后经济社会发展和生态环境建设对水的需求相差较大。供水设施严重不足，加之水资源匮乏、水污染、用水效率偏低等因素，致使洛河流域资源性、工程性、水质性缺水并存，水资源供需矛盾极为突出，已成为严重制约流域经济社会可持续发展的关键因素。

1.4.3 水污染防治初见成效，但水质问题依然存在

随着洛河两岸人口增长和城镇化、工业化的迅速发展，城镇生活污水和垃圾以及工业"三废"排放量的日益增加，尤其是石油开采和石油加工企业污染问题突出。加之相关部门对环境的监管水平和力度相对不足，导致洛河流域石油污染事故频频出现，对洛河水质造成较大危害。近年来，因河川径流减少、河滩地过渡围垦、污水排放等，使湿地退化严重，生态环境退化明显。

1.4.4 水土流失严重、生态环境脆弱

洛河流域水土流失类型以水力侵蚀为主，土壤侵蚀模数为 500 ~ 10000t/（$km^2 \cdot a$），流域现有水土流失面积 1.17 万 km^2，占总面积的 56.5%，平均年土壤侵蚀量 4940 万 t。流域沟谷深切，地形破碎，沟壑密度大，植被覆盖度小，暴雨期易产生径流，且汇流快，洪峰高，洪水冲刷和挟沙能力强，极易形成破坏性的崩塌、泥石流、滑坡等自然灾害。多年的水土流失造成陡坡、崖体滑塌，沟底下切、沟头延伸，沟岸崩塌，坡面被切割得支离破碎，农田日益减少，村庄住宅受到严重威胁，水源涵养能力下降等生态环境问题。此外煤油气等资源的开采规模不断扩大，地方经济发展与水保生态文明建设的矛盾日益凸显。

近些年洛河流域实施了淤地坝工程、坡耕地综合治理、小型水保工程等水保生态治理工程，一定程度上起到了防治水土流失的作用。但由于洛河两岸人类开发活动的不断增加，新增的人为水土流失数量剧增，造成新的水土流失问题，如弃土弃渣随意堆弃影响河道行洪、污染河道水质，加之治理资金不足，使得治理程度偏低、速度缓慢。水土流失已经成为制约洛河流域两岸城镇经济社会可持续发展的重要因素之一，治理任务十分艰巨。

1.4.5 水景观建设参差不齐，未能充分发挥洛河两岸的滨水景观作用

目前，洛河流域已在周河、石堡川、沮水河等主要支流城市河段修建了部分水景观工程，并取得了一定的综合效益，改善和提升了城市品位、生活品质，取得了良好的社会效应。总体来说，洛河流域水景观建设规划滞后，以洛河干流为水体及滩涂湿地为主的水系景观资源利用不足，尚未形成完整的沿河景观格局，未能体现城市特色，不能适应流域内城乡建设发展要求，与广大人民群众的"亲水"需求相差尚远。

2 综合治理的必要性、原则及目标

ZONGHE ZHILI DE BIYAOXING、YUANZE JI MUBIAO

2.1 综合治理的必要性

洛河在延安市乃至全省的经济发展中有其显著地位，是延安市的经济发展重要区域之一。洛河流域是延安市境内流域面积最大，涵盖行政区最多的区域，每个行政区的经济发展各有特色，吴起县、志丹县、甘泉县的石油开采以及洛川县延炼集团是延安市重要的财政支柱。洛川县、黄龙县、富县的农林经济是延安市社会经济发展的重要发展极，黄陵县、志丹县的红色旅游、黄帝文化旅游是延安市旅游业的中心地带，是延安市委、市政府构建的"两带四廊三区多园"空间发展格局中重要的组成板块，在延安市经济社会发展中地位重要、作用显著。针对洛河存在的问题和洛河在延安的重要地位，实施洛河综合整治是十分必要和紧迫的，主要体现在如下几个方面。

2.1.1 综合整治，是贯彻中央治水新战略的重要举措

洛河流域沟壑纵横，地形支离破碎，生态环境脆弱，水资源开发滞后，洛河综合整治规划对于提高水资源调控水平和供水保障能力、缓解流域供水矛盾、改善洛河沿岸水生态环境、促进区域经济协调发展，都具有重要意义。加快推进综合整治规划，是贯彻落实习近平总书记重要治水思想的具体举措，是顺应人民期待、加快洛河生态文明建设的现实需要。

2.1.2 综合整治，是解决防洪突出薄弱问题的迫切需要

受地理条件影响，洛河主要县城多分布在川道内，重要集镇、工业区也临河而建，约 80 万人口依河而居，沿河两岸多为自然土质岸坡，极易垮塌。近年来流域内工农业发展迅速，沿河分布众多重要的革命旧址、工业园区和农业产业园区。由于洛河流域防洪工程历史欠账多，防洪体系不健全，设堤河段比例严重不足，质量标准参差不齐，加之整个流域缺乏必要的防洪骨干性调蓄工程，洪水控导能力极差，防洪能力整体上达不到应有设防标准，对沿岸人民群众生命财产安全和经济社会发展构成了严重威胁，防洪问题依然是洛河流域乃至全市人民的心腹之患。因此，加快实施洛河综合整治，全面提高防洪能力，有效确保洛河安澜十分紧迫而必要。

2.1.3 综合整治，是促进人水和谐，建设安澜、生态、富裕洛河的需要

洛河流域山大沟深，土地资源十分短缺。围河造田、陡坡耕种、过度开发等问题十分突出。随着经济发展、城镇化加快，城镇"脏、乱、差"现象加剧。加大河道整治，改变人水争地，实施生态修复和河流景观工程，实现人水和谐，进一步改善和提高城乡群众生存条件和生活质量，是一项重大而艰巨的任务。

2.1.4 综合整治，是提升流域综合实力，推动城乡发展一体化建设的需要

洛河流域是打造"丝绸之路经济带"重要节点，是延安优化经济结构，推动产业转型升级，提升城镇化质量和水平，统筹城乡和经济社会全面发展的重要支撑。为新型工业、现代农业、特色产业提供防洪和供水安全保障，是当前水利工作一项十分紧迫的任务。实施汉江综合整治，构筑防洪安澜屏障，

提升水资源保障能力，改善优化投资环境，对促进产业聚集、推进城乡统筹，作用宏大。这既是提升流域经济发展的需要，也是全市两大区域协调发展的客观需要。

2.2 指导思想及原则

2.2.1 指导思想

以科学发展观为指导，全面贯彻党的十八人关于生态文明建设战略部署，把生态文明理念融入到洛河流域水资源开发、利用、治理、配置、节约、保护的各个方面。坚持"节水优先、空间均衡、系统治理、两手发力"的系统治水思路，围绕流域新型城镇化进程不断推进的新要求，以落实最严格水资源管理制度为核心，以促进和保障洛河流域经济发展、社会和谐稳定、改善生态环境和提升抵御洪涝灾害能力为目标，以防洪保安、生态环境保护、水资源配置、土地整治、城镇体系建设、新兴工业园区建设、文化旅游开发、退耕还林、移民搬迁及现代农业示范园等建设为重点，全面塑造"幸福洛河、生态洛河、健康洛河、富裕洛河"。

2.2.2 综合治理原则

（1）坚持全面、协调、可持续发展原则。正确处理远景与近期、上游与下游、整体与局部、保护与开发之间的关系，协调好防洪、供水及跨流域调水的关系。

（2）坚持防洪优先、综合整治原则。以保障沿岸人民群众生命财产和城镇等重要保护对象安全为目标，把防洪减灾作为首要任务。按照"上蓄下疏、蓄泄结合、以泄为主、标本兼治、综合治理"的方针，安排好防洪工程措施与非工程措施，形成完整的防洪保安体系。

延安市洛河综合治理规划效果图

（3）坚持承接与创新并举、开发与保护并重原则。强化责任意识，抢抓战略机遇，坚持承接与创新并举、开发与保护并重，加快转变发展方式，不断增创发展优势。

（4）坚持因地制宜、统筹发展的原则。按照城乡、区域统筹发展的要求，对流域内的重点防洪保护区、水土流失、水污染和水生态环境重点治理区，分别制定切实可行的规划方案。

（5）坚持充分利用已有的规划和建设成果、做好与相关规划协调衔接的原则，努力提高规划效率和效益。

（6）坚持充分调动各级政府、社会各方、不同行业部门和广大民众的积极性的原则，汇聚各方智慧和力量，同心协力实现综合整治的目标。

2.3 综合治理目标

综合治理范围为延安市北洛河流域，重点为洛河干流吴起县铁边城镇至黄陵县田庄镇，长约385km 包括周河、沮河、葫芦河、石堡川等 4 条重要支流。

遵循"山水林湖田生命共同体"的系统治理理念，在洛河流域基本建成防洪保安、水资源综合利用、水生态环境保护三大体系，实现保障防洪安全、资源合理开发利用、维系优良生态三大战略目标。

通过综合整治，构建以河流为依托并向城市腹地延伸的生态走廊，初步建立现代化的水安全体系、有效缓解水资源制约瓶颈，切实改善水生态环境，全面提升对洛河流域经济社会可持续发展的保障能力。基本建成水生态保护体系，水土流失治理程度明显提高，供水水源地水质全面达标。实施水生态治理和景观建设，构建集防洪、水环境、涉水景观及旅游开发于一体的环境优美、风景秀丽、文化特色鲜明的滨河景观走廊，打造沿河靓丽风景线。确保"堤防标准化、水系生态化、景观优美化"。使洛河堤固洪畅、供排得当、水清岸绿、交通便利、经济发展、社会和谐。

3 规划总体布局
GUIHUA ZONGTI BUJU ....●

3.1 整治重点

本次综合整治的重点是洛河流域的吴起、志丹、甘泉、富县、洛川、黄陵、黄龙七个县城和沿岸重点乡镇、工业园区。依据洛河综合整治目标及任务，总体布局为"一河、两岸、四带、七辐射"，以洛河为轴穿起 7 个经济发展点，形成一条水岸经济带。

"一河"以洛河为主轴，依托丰富的资源，较好的发展基础、承载辐射能力较强等优势，强化生态治河。建设绿色、富裕、和谐、健康洛河，实现"水清、岸洁、有绿"的生态走廊。

"两岸"为建设集防洪、交通功能为一体的两岸堤防，生态与人文相结合的滨河水景观。

"四带"为依托洛河沿岸 4 条主要支流的生态文明建设，提升生态环境，促进区域经济腾飞，着力打造环境优美宜居、经济高速发展的绿色经济带。

"七辐射"为流域内规划建设的 7 座核心城市和次核心城市，发挥城市较强的集聚功能和辐射作用，促进生产要素合理流动和优化配置，带动规划区发展。

3.2 主要任务

按照洛河综合整治的总体要求，实施防洪保安、水资源配置、水土保持及生态文明建设、水资源保护与水生态建设、水岸景观建设 5 大工程。

（1）防洪保安工程。规划建设永宁山水库，新修干流堤防 118.59km，支流堤防 71.08km。河道清淤 736 万 m³，建成防汛预警系统。全面构筑洛河流域现代化防洪减灾体系，完善防汛调度水平。

（2）水资源配置工程。加快实施以南沟门水库、永宁山水库为主的 24 座水源配置工程，新增供水能力 2.0 亿 m³，有效解决重点城镇生活用水和能源化工集群工业用水问题。

（3）水土保持及生态文明建设工程。主要包括退耕还林、扶贫移民、水系沿线绿化、土地整理、小流域综合治理、小流域坝系、城市水土保持、人为水土流失防治等工程。有效改善洛河流域生态环境，为建设生态文明城市提供保障。

（4）水资源保护与水生态建设工程。全面推行节水型社会建设，通过实施生活、工业、农业节水工程，加快水污染防治工程建设，建成洛河流域生态系统监测网络体系，完善饮用水水源地水质保护工程。

（5）水岸景观工程。县城城区及重点镇河段建设具有历史风貌、传统特色和乡土气息的涉水景观，注重建筑绿化与河道景观相融合、都市景观和乡土风情相兼容，实现水、岸、滩、堤、路、景为一体的景观长廊。规划建设 15 处水景观工程。

4 规划效果展望
GUIHUA XIAOGUO ZHANWANG ....●

洛河综合整治规划，是延安深入贯彻党的十八大精神，实现"两个百年"奋斗目标的重要举措，是延安市全面建成小康社会、经济结构转型发展，推动城乡发展一体化的有力保障。

洛河综合整治规划全面实施后，洛河将实现"河水清澈、岸线优美、连绵不绝、生机勃发"的姿态，昔日的革命老区将在洛河水的滋润下呈现出经济繁荣、科教发达、旅游兴旺、人民生活富裕、文明的景象。两岸迅速发展的城镇，犹如一颗颗璀璨明珠，点缀黄土高原上的生态文明，引领区域经济蓬勃发展。沿河而下，不仅能领略到老一辈革命者的崇高精神和革命情怀，华夏龙脉胜境黄帝陵、蜿蜒宏伟的秦直道，还能感受到新时期经济高速发展的繁荣景象。

大美洛河，壮阔新章，数年后，洛河这条生命之河、富裕之河必将成为老区人民的幸福源泉。到那时，将会呈现"两岸抱绿洛河水，千帆共舞陕北风，洛河延河同一脉，携手奋进创辉煌"的繁荣景象。让我们在党中央、国务院以及陕西省省委省政府的领导下，传承长征精神，同心协力，求真务实，艰苦奋斗，努力建设生态洛河，谱写治水惠民兴水强市新篇章！

陕西省汉江综合整治规划

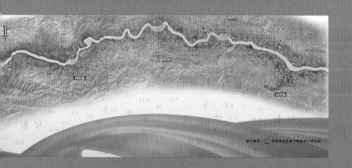

陕西省汉江综合
整治规划

1 工程基本情况

....................................●

1.1 自然条件

汉江又称汉水，是长江最大的支流，发源于秦岭南麓陕西省宁强县的嶓冢山，流域面积约15.9万km²。汉江干流流经陕西、湖北两省，于武汉市注入长江，干流全长1577km。

陕西省内流域位于汉江上游，以秦岭为界与关中盆地相接，南依大巴山与四川省和重庆市为邻，西邻嘉陵江流域，东与湖北、河南两省接壤，流域面积5.47万km²（不包含丹江流域0.75万km²），占全流域的34.4%，干流长度652km，占全流域的41.3%。

流域属亚热带湿润季风气候，多年平均降水量为895mm，水资源丰富，干流多年平均出境水量273.6亿m³。流域内山河多姿，物产丰饶，文化悠久，其瑰丽多彩的自然景观和源远流长的人文景观，构成了得天独厚的旅游资源。

1.2 社会经济

陕西省境内汉江流域涉及汉中、安康、商洛、宝鸡、西安5市，干流包括汉中、安康两市。2010年流域内总人口666万人，国内生产总值911亿元。

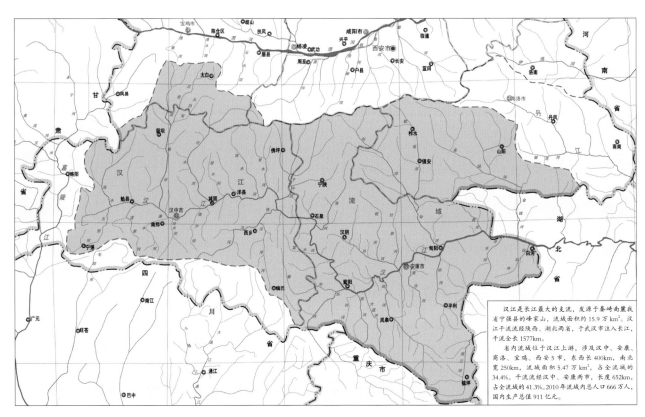

汉江是长江最大的支流，发源于秦岭南麓陕西省宁强县的峰家山，流域面积约15.9万km²。汉江干流流经陕西、湖北两省，于武汉市注入长江，干流全长1577km。

省内流域位于汉江上游，涉及汉中、安康、商洛、宝鸡、西安5市，东西长400km，南北宽250km，流域面积5.47万km²，占全流域的34.4%。干流流经汉中、安康两市，长度652km，占全流域的41.3%。2010年流域内总人口666万人，国内生产总值911亿元。

陕西省汉江流域地理位置示意图

流域丰富的自然资源和良好的生态环境，使该区域成为全省重要的粮油、水电以及矿产与生物资源开发、加工基地。省委省政府已出台推动加快陕南"十二五"发展的政策措施，实施更大力度的财政、投资、产业等扶持政策，依托汉中、安康、商丹三大核心聚集区。打造有色、装备、生物制药、非金属材料、绿色食品、生态旅游等十大循环经济产业链。支持重点园区增强配套功能，深入实施秦岭生态环境保护和汉丹江综合治理工程，走上循环发展路子，提升突破发展水平。

作为国家南水北调中线调水工程和陕西省南水北调工程的重要水源地，汉江还担负着保护和涵养水资源、保障受水区供水安全的重大历史使命。

1.3 工程现状及存在问题

新中国成立以来，经过综合整治，流域内防洪、水生态环境与水资源保护、水土保持、供水、水电开发、航运等能力大大提高，特别是对上游平川段及安康河谷段经过综合整治，初步缓解了洪水威胁，在开发治理中取得了较大的综合利用效益。但汉江目前依然存在着防洪体系不健全，标准低、质量差，水污染及水土流失日趋加重，水资源综合利用率低下等突出问题。

1.3.1 防洪体系不健全，洪灾依然是心腹大患

汉江防洪工程建设始于新中国成立后。50 多年以来，党和政府带领沿江人民群众，进行了大规模的防洪工程建设，初步形成了以防洪堤为主的汉江干流及主要支流防洪体系。

汉江干流两岸已修建干流、支流河口堤线总长度 587.3km，现状已修建干支流堤防和护岸长度 303.2km，无堤段 284.1km，结合岸线整治修建各类坝垛 456 座。

现有防洪工程，虽对减轻汉江的洪水灾害发挥了重要作用，但由于建设资金有限，工程治理段落偏少，防洪工程体系不完善。已建堤防标准普遍偏低，现状防洪设施薄弱，管理、预警预报系统不健全。抢险道路不畅，设备不足，远未形成安全有效的防洪体系，不能适应当今及未来社会经济发展的需要。

1.3.2 供水安全受到潜在威胁

（1）水土保持任务依然艰巨，面源污染较重，危害供水安全。汉江流域是国家重要的生态功能区、供京济渭的主要水源区，近年来，在该区域开展了"长治""丹治"和"坡耕地综合治理"等水保生态治理工程。水保生态项目的实施，有效地保护了水源地水质。但由于流域内耕地资源相对匮乏，人地矛盾突出，毁林开荒，破坏植被，陡坡种植，滥采滥伐现象时有发生，地方经济发展相对滞后水源安全矛盾日益突现。不合理的生产建设活动、农业化肥和农药的施用，对生态环境造成人为破坏，导致流域区内部分地区水土流失严重趋势仍未得到遏制，新的水土流失仍在不断产生，加重水质污染。再加之治理资金不足，治理任务仍然十分艰巨。

（2）水污染治理滞后，生态环境功能下降。随着汉江沿岸人口增长和工农业生产的迅速发展，城镇生活污水、垃圾和工业"三废"的排放日益增加。目前汉江沿岸城镇污水处理率仅为 10%，垃圾处理率仅为 20%，每年约有 6500 万 m^3 城市污水未经处理排入汉江，造成主要污染物 COD 入河量达到 2.31 万 t/a、氨氮为 0.35 万 t/a。

随着汉江沿岸城市化与工业化进程加快，河滩地过渡围垦，各类建设项目挤占，使流域湿地面积较 20 世纪 50 年代缩小近一半。加之汉江干支流水电站和引水工程的建设，改变了汉江天然径流情势，对鱼类等水生生物的洄游造成影响，破坏了鱼类"三场"。同时日益加重的城镇和工业排污，对湿地水体造成污染，水生生物栖息环境变差，多样性下降，湿地生态系统自我调控和净化水质能力退化，严重影响水源地水质安全。

1.3.3 水景观缺乏统一规划，标准不一，缺乏整体效应

目前，汉中、安康等城市河段水景观建设已取得了一定的效果，规划建设了 6km 长的汉中"一江两岸"、3km 长的勉县翻板闸蓄水景观、支流党水河口橡胶坝蓄水景观、石泉县滨河生态园、"安康城区景观"等水生态景观工程。这些水景观工程在一定程度上改善和提升了汉江局部城市河段的整体形象。但这些景点都是局部性的，规模小，标准不高，有的受洪水损毁严重，对于以汉江为主体的水系景观资源以及滩涂湿地景观资源利用不足，缺乏整体规划及系统开发，未形成完整的城市景观格局，不能体现沿江城市特色，无论是开发规模，还是景观效果，都与广大人民群众的需求相差尚远。

1.3.4 水资源综合利用率低

（1）水资源开发利用效率不高，还存在工程性缺水情况。目前，流域内初步形成了蓄、引、提结合的水资源配置体系。2010 年各类工程总供水量 20.7 亿 m³，其中地表水 17.7 亿 m³，地下水 2.9 亿 m³。现状用水效率低，还存在浪费现象，灌溉水利用系数仅为 0.40 ~ 0.50，用水技术和工艺落后，城镇工业用水重复利用率也仅为 35%。汉江流域总体水资源丰富，但水源工程偏少，大、中型骨干工程更少，已成蓄水工程淤积严重，工程性缺水问题十分突出，仍需建设一批水资源开发和配置工程，进一步合理开发、优化配置。

（2）干流梯级有待进一步开发。汉江干流陕西段梯级开发方案为七级，自上而下依次为黄金峡、石泉、喜河、安康、旬阳、蜀河和白河，总装机容量 2127.5MW。目前已建成石泉、喜河、安康和蜀河四座梯级电站，总装机容量 1527.5MW。旬阳、白河电站已完成初设，黄金峡电站已完成可研。干流水能有待进一步开发。

（3）干流航运条件差、能力低。洋县以下为汉江通航河段，总通航里程 1313km，其中陕西省境内 455km，以中短途旅游客运和短途运输为主。航道被石泉等水电站隔断，不能组织水上长途直达运输。库区通航受水库蓄水位的影响，低水位时滩险出露，航槽多变，碍航严重。天然段为山区航道，等级低，通航条件差。

2 综合整治理念与目标
ZONGHE ZHENGZHI LINIAN YU MUBIAO ....●

2.1 指导思想

以科学发展观为指导，以促进和保障汉江循环经济建设、社会和谐发展及改善水环境为目标；以

尽快提升防洪能力、水污染防治、水生态修复为重点;全面实施防洪保安、水资源配置、生态环境治理、沿江绿化、水景观建设;努力实现汉江堤固洪畅、水清岸绿、滩平航通、人水和谐。

2.2 规划原则

（1）坚持全面、协调、可持续发展的原则。正确处理远景与近期、上游与下游、整体与局部、保护与开发之间的关系，协调好防洪、供水、发电、航运及跨流域调水的关系。

（2）坚持人与自然和谐、建立环境友好型社会的原则。在开发中落实保护、在保护中促进开发，处理好经济社会发展与水生态和环境保护的关系，当前利益与长远利益的关系，维系河流健康，保障流域社会、经济、环境的可持续发展。

（3）坚持防洪优先、综合整治原则。以保障沿岸人民群众生命财产和城镇等重要保护对象安全为目标，把防洪减灾作为首要任务，按照"上蓄下疏、蓄泄结合、以泄为主、标本兼治、综合治理"的方针，安排好防洪工程措施与非工程措施，形成完整的防洪保安体系。

（4）坚持因地制宜、统筹发展的原则。按照城乡、区域统筹发展的要求，对流域内的重点防洪保护区、水土流失、水污染和水生态环境重点治理区，分别制定切实可行的规划方案。

（5）坚持公众参与、改革创新的原则。采取多种形式，广泛听取有关部门、单位和广大人民群众的意见，改革体制机制，创新治理模式，努力提高规划的成果质量。

（6）坚持充分利用已有的规划和建设成果、做好与相关规划协调衔接的原则，努力提高规划效率和效益。

（7）坚持充分调动各级政府、社会各方、不同行业部门和广大民众的积极性的原则，汇聚各方智慧和力量，同心协力实现综合整治的目标。

2.3 规划目标

遵循"安澜惠民、生态宜居、持续发展"的健康河流新理念，在汉江流域基本建成防洪保安、水资源综合利用、水生态环境保护三大体系，实现保障防洪安全、资源合理开发利用、维系优良生态三大战略目标。

通过综合整治，基本建成防洪保安体系，安康、汉中两市及沿江县城、重要乡镇和工业园区等重要保护对象的防洪能力明显提高，达到国家设防标准。基本建成水资源综合利用体系，努力实现水资源的严格管理、有效保护、合理开发、科学配置和高效利用，为流域经济社会发展提供水资源安全保障。基本建成水生态保护体系，水土流失治理程度明显提高，供水水源地水质全面达标，确保一江清水供京济渭。实施水生态治理和景观建设，构建集防洪、水环境、航运、水电及旅游开发于一体的环境优美、风景秀丽、文化特色鲜明的滨河景观走廊，打造一江两岸靓丽风景线。确保"江堤标准化、水系生态化、景观优美化"。

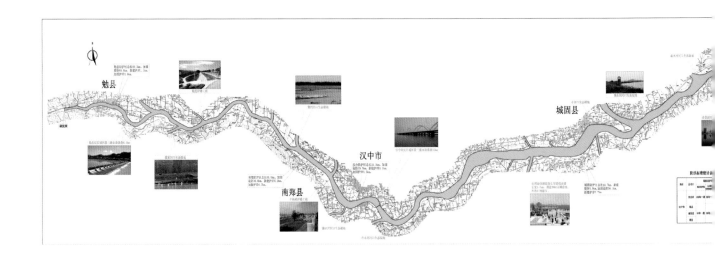

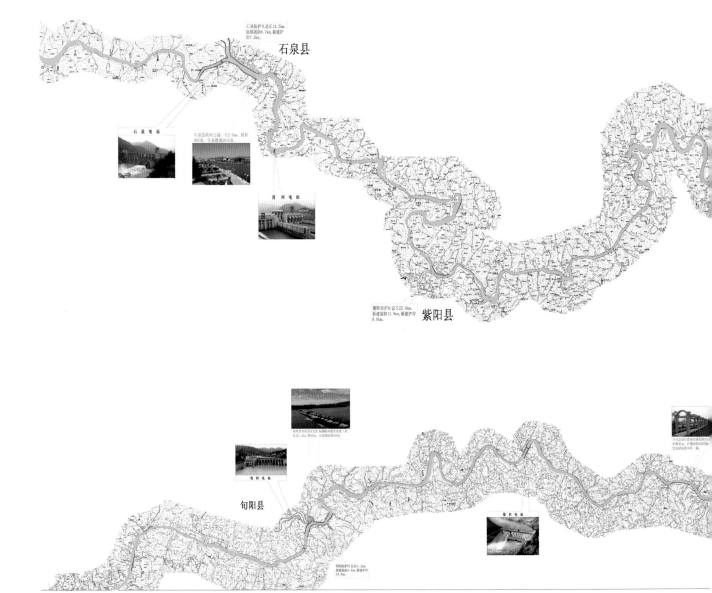

陕西省汉江综合整治规划总平面图

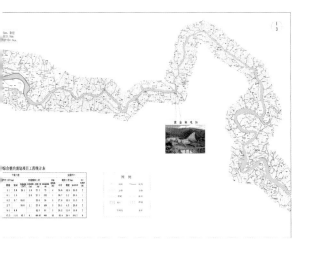

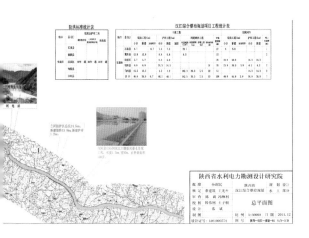

3 规划总体布局
GUIHUA ZONGTI BUJU ....●

3.1 整治重点

本次综合整治的重点是沿汉江干流的汉中、安康两市城区和勉县、城固、南郑、洋县、石泉、紫阳、旬阳和白河8个县城。

黄金峡以上干流河段河道宽浅、水流平缓，人口稠密、耕地集中、经济社会发达，且黄金峡水库是引汉济渭调水的水源工程。因此，该河段综合整治任务以防洪、调水为主，兼顾水环境保护、水力发电、航运、水景观及水文化等。

黄金峡以下至省界河段，水量多、落差大、水力资源丰富，除安康盆地外，均为深山峡谷区，两岸地势较高。但沿江城镇地势较低，防洪标准不高，洪灾频繁。因此，该河段综合整治任务以防洪、发电为主，兼顾水环境保护、水景观及水文化、航运等。

3.2 主要任务

（1）防洪减灾。以汉中、安康平川段和沿江县城堤防为重点，干支流安康、石泉、石门等水库调控和河道整治相配套，结合防洪非工程措施，构建汉江综合防洪体系。

（2）水生态环境与水资源保护。建立健全水生态环境保护监测管理机制，加大水土流失治理力度，加强生物物种保护与资源养护，使珍稀濒危物种种群得到恢复和保存。干流水功能区主要控制指标达标、水质明显改善，沿江城镇供水水源地水质全面达标、废污水达标排放。基本建成水资源保护和河湖健康保障体系。

（3）水景观建设。结合干流堤岸、水电、航运、交通以及汉江两岸社会经济布局、自然景观、人文景观等，开发水景观、水文化，按照"安全、自然、亲水、文化"的治理理念，发展水利旅游、改善人居环境，提高城市品位。

4 规划分项措施
GUIHUA FENXIANG CUOSHI ....

4.1 防洪保安体系建设

　　主要包括工程措施和非工程措施两大部分。工程措施的主要内容为新建加固干流堤防249km，干流护岸73km，支流汇入口河段堤防193km，新修加固护基坝445座，建设交通桥梁16座，新建、改建穿堤建筑物124座。实施病险水库除险加固193座，综合治理褒河等重要支流5条，实施中小河流治理40条、项目90个，治理山洪沟24条。非工程措施主要内容以防汛预警和水文测报设施建设为主，提高防汛信息化水平。实施山洪灾害防治县级非工程措施建设20个县（区），改造水文站18处，新建水位站38处，改造水位站1处，新建配套雨量站635处。

4.2 水保生态和水资源保护体系建设

　　实施水保小流域综合治理257条，治理水土流失面积5925km^2，控制水土流失和面源污染。实行污染物总量控制，新增水质监测断面54处；划定黄金峡、三河口水库饮用水源保护区，建设污水处理厂64座，治理工业污染源100处，培育一批循环经济型和生态工业型示范企业，从源头上控制污染。在汉江主要支流汇入口和干流有条件的河滩地区，设置生态湿地18处，建设汉江特有鱼类增殖保护站9处，鱼类种质资源保护区1处。

汉江综合整治规划效果图

4.3 沿江水景观建设

建设蓄水水面景观、滨河生态公园、河口湿地、堤岸景观等水生态景观区，与沿江七级电站库区共同构成汉江干流 475km 和支流河口 9km 的水景观长廊、200km 城市河段滨江生态公园、16km²(2.4万亩) 生态湿地，重现汉江碧波荡漾的美丽风光。彰显"玉带绕秦巴，仙水汉江源"的主题，呈现一幅"两山翠绿，碧水中流"的汉江河道美景。

5 规划效果展望
GUIHUA XIAOGUO ZHANWANG ....

汉江综合整治规划全面实施后，汉江将成为"堤固洪畅、水清岸绿、滩平航通、人水和谐"的中国式莱茵河，昔日洪水泛滥的汉江将驯顺地把一江清流供京济渭、造福人民，为经济社会发展和生态环境改善注入新动力，为人民幸福创造新条件。到那时，从武侯祠登船顺江而下，不仅能尽览韩信高台拜将、诸葛羽扇纶巾、褒姒回眸一笑、张骞执仗慢行等壮阔历史画卷，还能一睹朱鹮空中鸣唱、熊猫憨态可掬、金丝猴打闹嬉戏、羚牛山顶漫步等无数生态景观。沿江两岸新城水景如串珠，万家百姓享盛世，金黄油菜、满园绿茶、飘香柑橘、如梭龙舟和满山汉调，一定会令人流连忘返。

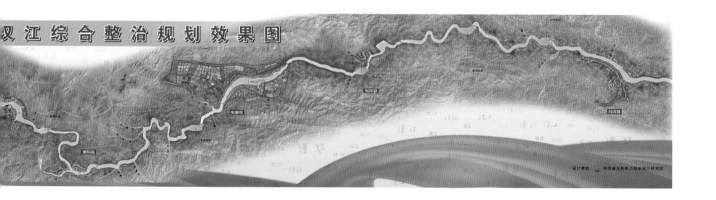

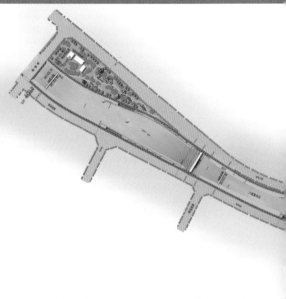

马跑泉公园人工湖

甘肃省天水市麦积区颖川河马跑泉段防洪及生态环境治理工程

1 工程基本情况

GONGCHENG JIBEN QINGKUANG ....●

1.1 工程背景

颖川河属渭河一级支流，发源于麦积区麦积镇麦积山石窟一带，于马跑泉镇团庄附近汇入渭河，总流域面积 280km²，主流全长 28.7km，土河道比降 12.06‰。颖川河支流众多，河系很不对称，左岸支流发育，右岸支流短小，左岸有小峡河、胡家沟、董水沟、甘江沟、谢家沟、大江沟、稠泥河 7 条支流汇入。

该工程治理河段为天水市麦积区城区段，工程治理范围上起麦贾公路收费站上游 1.2km，下至颖川河入渭河的两河交汇口，工程治理河段全长约 4.8km。主要任务：①对治理河段进行防洪治理，使颖川河马跑泉段防洪能力提高到 50 年一遇；②在不影响河道行洪，保障城市防洪安全的前提下，疏浚整治河道，利用部分河道蓄起一片水面，形成优美的城市水景观，同时，修建亲水平台工程，美化两岸滩地，以期恢复河道生态功能，体现人和自然的亲和性，为颖川新城绿化、美化、亮化构筑平台，修复河道生态功能；③作为马跑泉公园人工湖的水源，引水入马跑泉公园。

1.2 工程现状及存在问题

1.2.1 工程区河段现状

工程区河段两岸堤防外侧现在建有公路，并规划有城市道路，治理区左岸羲皇大道上游河段堤防外侧紧邻麦贾公路，该段道路即将扩建并更名为麦积山景观大道，羲皇大道下游河段堤防外侧紧邻麦积区颖川西路，现在已经基本建设完成，羲皇大道至下游左岸堤防外侧为马跑泉公园扩建项目所在地。河道右岸堤防外侧规划有城市道路，工程最上游右岸堤防外侧规划为颖川新城。治理区河段内共有桥梁 5 座，自上而下分别为 3 座步行桥（自上游开始分别称为 1 号步行桥、2 号步行桥、3 号步行桥）、羲皇大道桥，入渭口大桥，该河段规划桥梁 3 座。

工程区颖川河河道平面呈"S"形微弯河道，现状河宽仅 65 ~ 100m，河段平均比降 7.42‰，现状河道极不规整，治理段上段具有山区河流天然河床特征，河床质为冲洪积砂卵石组成。治理段下段受城市建设影响，河道宽窄不一，河道内有生活垃圾及弃土堆放，局部河段存在小规模的人工采砂坑道，生态环境差。

工程区除右岸上游段局部无堤防工程外，两岸均修建有堤防工程，现状堤防标准低、质量差，基础埋深浅，截至 2013 年的两场洪水后，现状堤防多处已坍塌、损坏，护坡变形严重，局部段已滑移至河道，现状堤防难以满足防洪标准要求。

两岸有多处雨水、污水管道直接排污河道内。

小规模的人工采砂　　　　　　　　　　　　　　原有堤防损毁

污水排入河道　　　　　　　　　　　　　　弃土堆放侵占河道

1.2.2 存在的主要问题

（1）防洪能力有待进一步提高。本次治理范围颖川河两岸基本都建设有堤防工程，工程区设防标准为颖川河 50 年一遇。工程区现状堤防经过多年运行后，在洪水冲刷侵蚀下部分河堤堤基遭到淘刷，堤防有多处坍塌、损坏，河道杂乱，局部河段侵占河道现象严重，导致行洪断面缩窄，就现状河道而言未形成完整的防洪体系，不具有抵御 50 年一遇洪水的能力，防洪体系有待进一步完善。

（2）马跑泉公园人工湖水源问题。马跑泉公园扩建项目已全面实施，该公园人工湖规模扩大近一倍，人工湖补水水量为 150m³/h，原人工湖补水水源为地下水。由于公园人工湖规模扩大，现有补水方式及补水量已不能满足扩建后人工湖需要，为了补充人工湖水量及改善人工湖水质，将河道径流作为新的补水水源对于马跑泉公园扩建项目是合理和十分迫切的。

（3）水环境期待改善。颖川河自马跑泉镇穿过，汛期洪水峰高量大。非汛期河道来水小，长年大部分滩面裸露，河道内乱采、乱堆、乱种现象严重，河道滩地杂草丛生，没有可供观赏的水面景观，与城市环境的改善和发展要求很不适应。随着城市的建设和人民生活水平的提高，特别是麦积山景观大道（羲皇大道至甘泉段）改造工程、颖川新城项目和马跑泉公园提升工程项目逐步实施，工程区河段现状与之形成极大的反差，改善该河道市区河段水环境已成当务之急，是十分迫切和必要的。

2 综合治理理念与目标

ZONGHE ZHILI LINIAN YU MUBIAO

2.1 治理理念

城市水景观治理工程是一个系统工程，涉及城市河道水利及防洪、泥沙、水景观、城区两岸排污以及两岸景区美化等综合性项目。

设计基于颖川河治理河段的基本特性及水沙条件，结合麦积山景观大道改造、颖川新城规划和马跑泉公园提升扩建工程建设，提出颖川河水景观治理的基本思路为颖川河河道狭窄，河宽仅65～100m，不具备清洪分治的条件，基于颖川河含沙量不大，设计采用科学地调度运行方式等非工程措施适应颖川河的来水来沙条件，汛期及时塌坝泄洪排沙，科学合理解决蓄水与洪水泥沙的矛盾，确保洪水泥沙的安全下泄，和蓄水景观的运行安全。在确保天水市麦积区城市防洪安全的前提下，基于两岸城区分布情况和城市规划情况，结合麦积山景观大道和马跑泉公园景观布置，以河道全断面蓄水为主，局部铺以滩区生态绿地相融合，形成人工蓄水景观，同时兼顾马跑泉公园引水入园和颖川新城、颖川河入渭河口段景观效果。并利用两岸堤防局部改建亲水平台，实现人水和谐，充分考虑工程的最

颖川河总鸟瞰图

优性价比。通过营造生态绿地及景观水面，以期恢复河道生态功能，充分体现人与自然的亲和性，旨在该区域营造出水（景观水面）、绿地（滨河生态公园）、桥梁、路为一体的优美景区，形成麦积区城区一道靓丽的风景线。

2.2 治理原则

根据相关规程、规范，结合治理河段河道特点，按照确定的治理范围和景观等相关要求，河道治理应遵循以下原则。

（1）治理工程在防洪规划框架内实施的原则。

（2）遵循人水和谐的治水理念。

（3）以不降低原有河道的行洪能力为前提，不采用碍洪建筑物，尽量减少工程区河段泥沙淤积，确保治理后河道内的过洪能力不低于治理以前的过洪能力，即过洪能力不低于 50 年一遇洪水标准。

（4）与麦积山景观大道改造工程相协调的原则。

（5）符合颖川新城规划，与两岸城区相协调的原则。

（6）满足马跑泉公园人工湖进出水衔接平顺。

（7）确保蓄水区安全运行，水质好且运行周期尽量长。

（8）工程总体布局应合理、可行、经济。

（9）整个工程运行安全、运行成本合理。

2.3 治理目标

（1）建设满足麦积区城市防洪安全要求的河道生态工程。

（2）为马跑泉公园人工湖提供补水水源。

（3）建设符合麦积区实际情况的生态景观工程。

（4）利用现有河道，形成景观水面，改善生态环境，适应现代化城市水利要求。

3 综合治理措施
ZONGHE ZHILI CUOSHI ....●

工程区河道防洪标准为 50 年一遇。本次治理河段全长 4.8km，相应左右岸堤防工程级别为 2 级，其中入渭口上游 580m 左右两岸堤防按照渭河回水设计，防洪标准为渭河 100 年一遇洪水，相应的堤防工程界别为 1 级。其他段左右岸堤防按 50 年一遇进行改建、加固设计，两岸堤防在满足规划堤

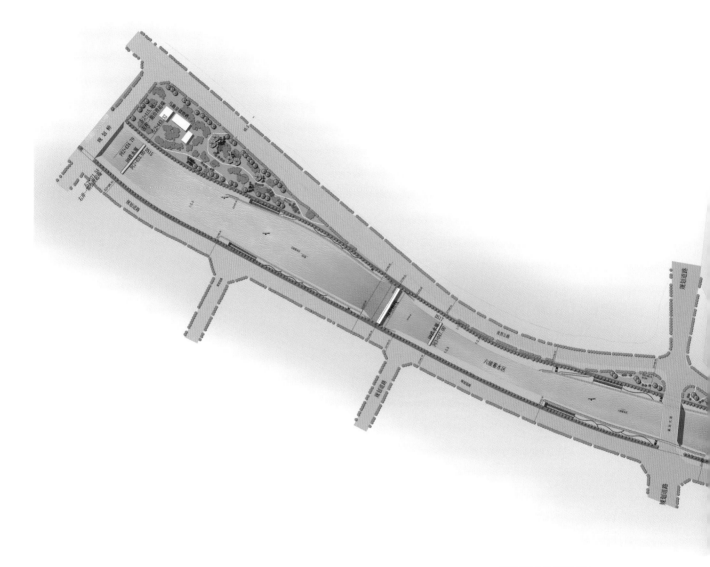

颖川河总平面图

距 80m 的前提下，总体沿现状堤线布置，结合左岸麦积山景观大道、颖川西路，右岸规划道路局部调整，左岸设计堤防长约 4.782km，右岸设计堤防长约 4.762km。本工程集防洪、蓄水及景观美化于一体，设计对左、右岸堤防进行达标治理，考虑蓄水景观区的亲水要求，对左、右岸堤防进行改建和美化，修建亲水平台等亲水设施，满足市民亲水的需求。

在此基础上，对治理河段进行蓄水景观建设，设计采用全河道蓄水方案，主汛期蓄水河道随机全部塌坝泄空，全河道承担泄洪输沙功能，以充分保证市区城防防洪安全。非汛期，立坝蓄水，形成蓄水景观湖。规划对治理河段适度调整比降，疏浚平整。在 4.8km 的治理河段共布设 8 座钢坝闸，坝高均为 2.5m，布置 10 座跌水堰，堰高 1 号跌水堰为 1.0m，2 ～ 10 号堰高均为 0.5m，共形成 8 级基本连续的蓄水景观区，单级蓄水区长 500 ～ 650m，蓄水水深 0 ～ 2.5m，蓄水区总长 4.72km，蓄水区水面宽 52 ～ 80m，蓄水区面积为 37.9 万 m², 一次蓄水量为 35 万 m³。

马跑泉公园人工湖引水入园工程引水流量 0.042m³/s，自 6 号坝上游引水，并布置进水闸进行控制，引水涵管长 85m。公园人工湖水在 7 号坝下游排入 8 号蓄水区，出水涵管长 540m，进、出水管道采用 DN500PE 管道。

由于左岸已有截污工程，本次设计污水截流工程主要布置在右岸，截污管道沿堤坡及亲水平台下布设，将污水截流后排至工程区下游渭河南岸排污干管，设计截污管道全长 4786.2m，采用 DN800 预制钢筋混凝土承插管，设计纵坡 6‰~8‰。沿管道共布设检查井 68 座，跌水井 1 座，排污管道末端采用跌水井与渭河南岸排污干管衔接，管道设计流量 0.75m³/s。

蓄水区的建设，在右岸堤防外侧与右岸规划道路之间新增绿地面积 1.3 万 m²(20 亩)。

颖川河为渭河一级支流，颖川河倾向上游汇入渭河，夹角约 100°。天水市麦积区渭河城区段防洪及环境治理工程已经施工完成，其中 2 号橡胶坝位于颖川河入汇口上游约 170m，为了减少颖川河泥沙对 2 号橡胶坝的影响，本次设计在颖川河口布置潜坝 1 座，长约 30m。

总体而言，该工程是一个系统工程，涉及城市河道水利及防洪、泥沙、水景观、城区两岸排污以及两岸景区美化等综合性项目。本次设计在确保城市防洪安全及景观蓄水安全的前提下，为麦积城区呈现出优美的城市水景观和滨河生态公园，彻底改善城区生态环境，使城市灵秀起来。

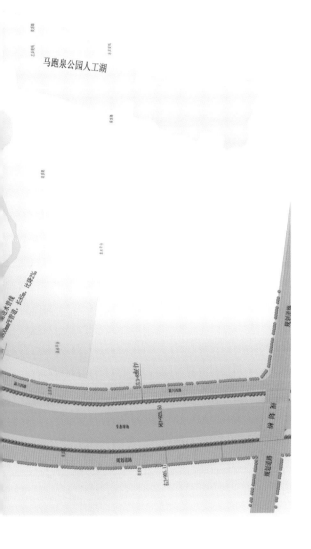

4 创新与展望
CHUANGXIN YU ZHANWANG

4.1 设计创新

该项目主要建筑物包括堤防、河道疏浚、钢坝闸、跌水堰、公园引水、截污管线及景观工程等，属于防洪景观工程性质，基本上为常规设计。但是对于挡水建筑物，钢坝闸作为近年来新兴的坝型在南方被广泛使用，该项目采用钢坝闸方案并实施，在西北地区尚属首次，并随着颖川河项目的推进，对钢坝闸这种坝型的研究不断深入。我院随后在天水藉河、清涧县秀延河等项目上相继使用钢坝闸，并以颖川河项目的设计成果作为蓝本，进行项目各阶段工作。

在初步设计阶段，为减少建筑物对河道行洪的影响，对钢坝闸工程进行优化，将原单孔 35m 共两孔钢闸门优化为一孔 75m 宽钢闸门，根据调查该宽度在国内同样属首次。该坝型的闸门启闭由一根

80m 长底轴控制，对基础沉降要求特别高，且颖川河项目坝基均为软基，根据对国内钢坝闸事故原因调查资料的收集，90% 的事故为钢坝闸基础不均匀沉降，出现卡阻现象，导致闸门无法正常启闭。所以，项目组认为，对基础沉降的控制方案成为该项目成败的关键，对于沉降问题，项目组对基础处理方案进行反复比较，与金结专业多次沟通、多次计算，并积极与厂家联系，寻求解决方案，该问题最终得到很好的解决，并为我院类似项目积累经验。

4.2 效果展望

天水市麦积区颖川河马跑泉段防洪及生态环境治理工程系社会公益性项目，工程建成后除形成的水面可以租赁经营方式补充管理经费外，无财务来源，工程的主要效益为社会效益、环境效益和经济效益。

该工程的建设，改变了城区段河道内杂草丛生，以及城市缺少观赏水面的状况，使城区的环境得到极大改善，对于拉大城市骨架，完善城市功能，丰富城市内涵，提升城市品位，改善城市人居环境和投资环境，提高城市综合竞争能力，促进社会经济的可持续发展，都具有十分重要的意义。

工程突出一个"水"字，强化一个"绿"字，体现一个"美"字，增加了人和自然的亲和性，改善了居民的生存环境，有利于居民生活质量的提高，实现临夏市社会、经济、环境的协调发展。

4.2.1 社会效益

工程建成后，昔日杂乱无章的颖川河河滩将被一片人工湖泊所代替，由此将带来巨大的社会效益。

（1）绿化城市、美化环境，为居民提供了一处优美的休息娱乐场所，提高了市民生活质量，促进文明建设的发展。

（2）"一河两岸"生态环境的大幅改善，将拉大城市格局。

（3）城区沿河两岸的土地将大幅增值，有利于对外招商引资。

（4）促进旅游业的发展，同时带动相关产业的快速发展。

4.2.2 生态效益

本项目的主要目的是改善城区生态环境质量，最大可能的保持生态平衡，以促进经济建设的发展，工程实施后，将具有美化城市、调节气候、涵养水源、净化空气和土壤，降低灰尘以及为居民提供优美、舒适的生活环境和娱乐健身场所等多种功能。

4.2.3 经济效益

本工程系社会公益性项目，工程的经济效益主要体现在防洪效益、工程区沿岸和周边区域的土地、房地产升值效益、水面和景观经营收入效益等。

（1）防洪效益。天水市麦积区颖川河马跑泉公园段引水入园及生态环境治理工程在为城市提供优美的生态环境的同时，确保天水市市区的防洪标准达到 50 年一遇，保护城市人口 2020 年达 60 万人。本工程投入运行后，将大幅度降低麦积区每年的防汛费用，工程的防洪效益显著。

（2）经济联动增值效益。工程建成后，河道两岸生机盎然，通过水系、绿地的交融，创造出独具特色的城市景观，必将进一步促进天水市的经济发展。

工程的建设，将形成良好的自然环境和优美的城市景观，极大提高外部资金的吸引力，带动沿河两岸及周边区域的土地开发建设，并对当地经济的发展产生联动效应，从而促进麦积区社会经济的可持续发展。

历史文化长廊区

生态湿地水韵区

天 北 高 速

天 北 高 速

甘肃省天水市藉河生态综合治理二期工程

1 工程基本情况

GONGCHENG JIBEN QINGKUANG..........................●

1.1 工程背景

藉河属渭河一级支流，发源于甘谷县龙台山，自西向东流经天水市区，至北道廿里铺乡汇入渭河，总流域面积 1267km²，土流全长 78km。本次藉河治理河段为天水城区段，左岸有罗峪河汇入，右岸有龙王沟、水家沟支流汇入。天水市西大桥上游约 100m 处建有天水（二）站，控制流域面积 1019km²，占流域总面积的 80.4%。

本次藉河生态治理工程二期工程位于天水市秦州区及麦积区，工程设计范围为藉河生态综合治理一期续建工程末端（水家沟口）至藉河入渭口，治理河段长度 9.6km。河道为宽浅"U"形河谷，河流主槽蜿蜒曲折，平面上呈连续的"S"形。现状河宽 145～205m，河道平均比降 4.7‰，河道最窄处位于董家沟入汇口上游 1.76km 处，受到左岸山体及右岸天北高速公路的影响，河道宽度约 170m，其他大多河段受在建成纪大道堤防工程及天北高速的控制，河段较规整，河道宽窄均匀，均约 200m。河段内已建有阎家河桥、孙家坪大桥、渭峡桥及规划桥梁共 8 座。

1.2 工程现状及存在问题

本次治理河段中，河道左岸为在建的成纪大道，主要采用堤路结合形式，设防标准 100 年一遇，成纪大道堤防末端至渭河河口堤防段约 100m 段现状无堤防。右岸为天北高速公路。就现状而言，设计河段未形成完整的防洪体系，加之局部河道杂乱，防洪体系有待进一步完善，防洪标准有待进一步提高。

天藉河自西向东穿过天水市，是天水市重要的水利命脉，是天水市人民的母亲河，天水市的形象河。工程段上游于 2006 年建成"天水湖"（藉河生态治理工程），下游于 2013 年建成的麦积区渭河城区段防洪及环境治理工程形成了优美的城市生态水景观，两岸城区生态环境得到了极大改善。

藉河属多泥沙河流，汛期洪水峰高量大，非汛期干旱少水，加之上游工农业相对发达用水量较大，未治理河段多处于干涸状态，没有可供观赏的水面。常年大部分滩面裸露，河道内杂草丛生，乱采、乱堆、乱种现象严重，人为淤地造田，生态环境和水环境差。特别是河道内乱挖乱采问题较为突出，受挖砂影响，主河槽深浅变化稍大，与城市环境的改善和发展要求很不适应。随着城市的快速发展，工程区河段现状与之形成极大的反差，特别是上游"藉河城区段生态治理工程"及下游"麦积区生态环境治理工程"的示范作用，市民要求进一步改善生态环境的愿望越来越迫切，随着新一轮的城市规划建设，改善"天水湖"未治理河段水环境现状已成当务之急。

现状照片（二期工程）

2 设计理念与目标
SHEJI LINIAN YU MUBIAO......................................

　　天水市区河流水系得天独厚，自然景观资源丰富，文化积淀深厚。根据藉河治理河段的河流特性，结合现有城区分布状况、城市规划新区布局、水资源现状以及周边公园、道路、桥梁等设施情况，合理规划藉河二期生态蓄水景观工程。

　　本次规划河段蓄水景观治理的重点技术问题主要为：①泄洪、排沙及泥石流下泄安全问题；②泥沙淤积问题；③蓄水景观总体布局及运行周期问题。因此，规划基于藉河本河段的基本特性及水沙条件，提出工程治理的总体方案。

充分考虑罗峪河等泥石流支沟汇入的影响，水文条件的复杂性，以及河道连续大"S"形弯道形态导致汛期水流条件的复杂性，同时兼顾紧邻一期蓄水工程的有利条件，结合工程区两岸城市规划区的分布情况，在满足防洪安全的前提下，在该河段形成蓄水景观与滨河生态公园相融合的特色景区，强化亲水性、生态绿色以及城市休闲娱乐等功能性，使景观效果和景观功能优于一期"天水湖"，形成互补并各具特色的景观效果。

3 工程规划设计
GONGCHENG GUIHUA SHEJI .... ●

3.1 总体布局

本段河道长 9.6km，左岸堤防大部分为在建成纪大道堤防，设计防洪标准为 100 年一遇，入渭口段有 100 余 m 无堤段。右岸现有堤防为堤路结合形式，即天北高速公路。天北高速公路于 1994 年建成，为路堤结合形式，堤身质量、迎水坡砌护等皆较好。

规划对左岸堤防进行 100 年一遇达标治理，同时对左、右岸已成堤防 100 年一遇防洪标准进行复核。两岸堤防总体沿现状堤线布置，局部调整。其中桩号河 5+990 至桩号河 7+090（董家沟入汇口），该河段最窄堤距仅 145m，本次设计根据地形及成纪大道道路位置将该段退堤改建，确保改建后堤距不小于 180m。入渭口段根据现状堤防位置，将堤线平顺衔接至渭河河口接天然岸坎处。其他段堤防堤线维持现状不变，结合景观要求及防洪要求进行改建。本次设计左岸新建堤防长 98.86m，改建堤防长约 9.25km。

根据本次治理河段的基本条件、水沙特性以及两岸支流汇入特点，综合考虑防洪、泥沙冲淤、投资及整治后的总体效果要求等诸多因素，以罗家沟河为界将本次治理河段分为上、下两段。

3.1.1 上段

上段从水家沟入汇口至罗家沟汇入口以下 600m，长 4.3km。设计采用生态湿地加清洪分治加蓄水区深、浅水功能分区方案，该段规划在阎家河大桥下游 650m 处布设浑水槽进口工程，为了保证蓄水区顺利引蓄清水，分别在孙家坪大桥上游 470m 及下游 150m 处各布设 1 号、2 号橡胶坝，规划大桥（一）上游 650m 及下游 160m 处布设 3 号、4 号橡胶坝。并在 1 号橡胶坝回水末端及 2 号橡胶坝末端各布设跌水堰两座，以形成浅水嬉水区，增加流动水景观。设计在 4.3km 治理河段共布设 5 座橡胶坝、4 座跌水堰，1 号副坝坝高为 1.5m，其他橡胶坝坝高 4.0m，跌水堰高 0.5m，形成深、浅水区结合的 4 级连续蓄水景观湖区，单级湖区长 140～770m，蓄水水深 0.1～4.0m，蓄水区总长 3.42km，蓄水区水面宽 100～118m，蓄水区面积为 36 万 m² (543 亩)，一次蓄水量为 68 万 m³。工程起点与进口堆砂坝之间的河道构成生态湿地区，面积 190 亩。

3.1.2 下段

下段从罗家沟汇入口以下 600m 至藉河入渭口（工程终点），长 5.3km。设计采用生态湿地加清洪分治加滩地公园方案。仍采用中隔墙将河道划分为两部分，中隔墙与右岸堤防之间为泄洪槽，宽 70m，中隔墙与左岸堤防之间构成蓄水区。设计对入渭口现状河滩地人工修复形成滩地生态公园，为市民提供亲水休闲场地，在景观功能与景观效果上有别于上游蓄水景观，形成互补，并相得益彰。同时，滩地生态公园的景观设计利用现状河道地形高处为生态区，低处开挖形成人工湖面，湖与湖之间串珠式相连，其间辅以自然弯曲的景观渠进行连通。该段规划在董家沟入汇口上游 860m 处布设浑水槽进口工程，在规划大桥（二）、规划大桥（三）下游 250m、200m 处分别布设 5 号、6 号橡胶坝，确保两处交通要道附近蓄水景观最佳。设计在 5.3km 治理河段共布设 3 座橡胶坝，其中副坝坝高 1.5m，其他橡胶坝坝高均为 4.0m，形成 2 级基本连续的蓄水景观湖区，单级湖区长 1010 ~ 1100m，蓄水水深 0.2 ~ 4.0m，蓄水区总长 2.11km，蓄水区水面宽 94 ~ 120m，蓄水区面积为 24 万 m^2，一次蓄水量为 51 万 m^3。新建滩地公园 440 亩，生态湿地 430 亩。

本段设计在 9.6km 的治理河段共布设 8 座橡胶坝，其中蓄水区布置 6 座橡胶坝，坝高 4.0m，4 座跌水堰，形成 6 个连续的蓄水库区，跌水堰堰高 0.5m，橡胶坝最大坝高 4.0m。单级蓄水区长 140 ~ 1100m，蓄水水深 0.1 ~ 4.0m，蓄水区总长 5.53km，蓄水区水面宽 94 ~ 120m，蓄水区面积为 60 万 m^2，一次蓄水量为 119 万 m^3。上、下段浑水槽进口各布置一座副坝，坝高 1.5m。新建滩地公园 440 亩，生态湿地 620 亩。共布设 5 座橡胶坝充排水泵站，泵站均布置在各坝址左岸堤顶的外侧。本次设计对治理河段内的左、右岸堤防进行改建、新建及加固设计，其中左岸新建堤防长 98.91m，改建堤防长约 9.25km，加固右岸堤防基础 2252.41m，新建中隔墙 5679.76m。

蓄水区景观方面，本阶段从合理布局、为市区河岸美化工程搭设合理的平台出发，节约投资、满足工程运用管理要求，结合已成堤防的堤型及特性，为满足市民亲近水面、休闲娱乐等需要，六级深水区内各设一处伸入水面的亲水平台，亲水平台的造型各异，供游人眺望风景。平台规模本阶段暂按伸入水面宽 6m，长 20m 估列。

设计在藉河入渭口布置生态湿地，范围从河 6 号橡胶坝（河 8+090）至藉河入渭口，全长约 1500m，宽约 200 m，设计总面积 30 公顷。根据藉河生态湿地在城市中所处的位置及作用，在河道内左岸滩地，设计有广场、廊架、景观亭、滨水步道、亲水平台等，供市民进行交流、活动等。右岸进行生态环境恢复，设置以秦朝货币铜钱造型的圆形湿地泡。藉河生态湿地主要是疏浚河道，恢复水清、草绿、鱼跃的生态水体，形成水、绿、人的交融，增强城市活力，打造诗意田园风光。使藉河生态湿地犹如一幅徐徐展开的画卷，呈现在游人面前，为城市滨水生态景观增添靓丽风采。

3.2 水工建筑物设计

本工程的建筑物主要有左右岸堤防改建、河道疏浚、蓄水区防渗、橡胶坝、中隔墙、泵房等。

3.2.1 左右岸堤防

（1）左岸堤防改建。本次设计仅对治理河段内的左岸堤防进行改建及新建设计，改建及新建堤防总长 9.35km，其中新建堤防长 98.91m，改建堤防长约 9.25km。由于董家沟段堤防堤距不满足规划要求，设计对该段堤防进行退堤改建，以满足规划堤距要求;其他段堤防堤线维持不变，结合水面线成果、蓄水防渗、亲水景观要求进行改建及新建。

（2）左岸堤防新建。左岸堤防设计范围为建成的成纪大道末端至渭河河口堤防，长 98.91km。设计采用梯形断面，设计堤顶宽度为 8.0m，堤顶为泥结碎石路面，堤顶向临水侧设 2% 坡度，临水侧设计坡比为 1：3，堤坡设计采用格宾护坡，衬砌厚度 300mm，格宾上覆土植草，下铺土工布反滤。背水侧设计坡比为 1：1.25，草皮护坡。

（3）右岸堤坡基础加固。工程区右岸天北高速公路，长约 10.26km，为路堤结合形式，堤身质量、迎水坡砌护等皆较好，经复核，堤身及高度均满足设计要求。由于本工程设计采用清洪分治方案，右岸为洪水河槽，低于 5 年一遇洪水标准的洪水或不满足景观水质要求的水自浑水河槽泄流，为平时主要的泄洪通道。

工程运行后浑水河槽总趋势仍为冲刷，浑水河槽为长期的泄洪通道、右岸堤防基础将遭受中小洪水的长期淘冲等方面考虑，设计在右岸堤防凹岸段水平铺设格宾笼石防冲，宽 10m，厚 1.0m。工程

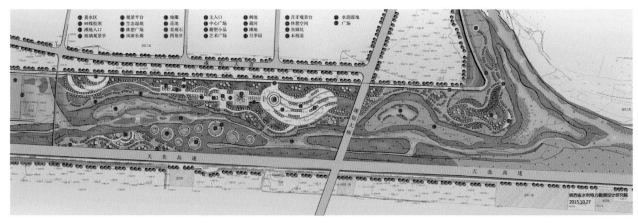

天水藉河综合治理推荐方案

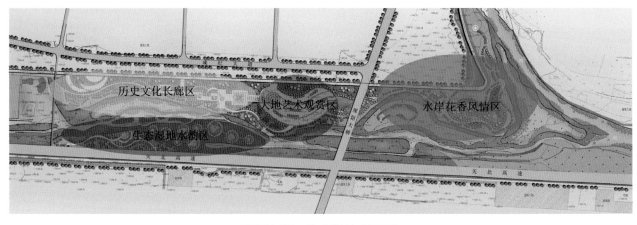

藉河入渭口生态湿地分区图

范围内右岸凹岸段有三处，分别位于上段浑水槽进口处、孙家坪大桥下游约 800m 处及下段董家沟入汇口附近，合计长 2252.41m。

3.2.2 挡水坝

河道泄水和挡水建筑物主要型式有水闸、砌石或砼低坝、翻板闸、橡胶坝、钢坝闸等。

本工程挡水建筑物的主要作用是蓄起一片满足观赏要求的景观水面，汛期安全泄洪，同时本身也是一处景观，因此，结合本工程具体情况，经综合分析比较，挡水建筑物位置河道较顺直，设计采用彩色橡胶坝，充水枕式，双锚线布置，螺栓锚固。

本工程蓄水区共布置 6 座橡胶主坝，坝高均为 4.0m，坝长 94.8 ～ 120.0m。泄洪槽进口各布置 1 座副坝，共计 2 座，均为坝高 1.5m，坝长 61.0m。

3.2.3 中隔墙

中隔墙为蓄水河槽和浑水河槽的隔墙。中隔墙位于河道内距右岸约 70m 处，与右岸堤防平行布置，与橡胶坝连接段兼作橡胶坝的边墩。

中隔墙墙顶高程由浑水河槽 5 年一遇洪水位和蓄水区水位比较，取高值加安全超高确定。库前段由浑水河槽 5 年一遇洪水位控制，洪水位以上考虑 0.5m 超高。库尾处中隔墙顶高程由该蓄水区水面高程控制，考虑 0.3m 超高。坝前中隔墙顶高程为坝顶高程加 0.3m 超高。各蓄水区之间的中隔墙以 1：5 比降踏步相连。中隔墙河床面以上高度为 1.7 ～ 7.5m（浑水槽侧）。鉴于中隔墙的运行特点，对中隔墙的设计要求考虑挡水、漫顶、过洪、冲淤、穿桥等诸多因素，设计采用 C25 钢筋混凝土和 M7.5 浆砌石组合的箱形断面型式。

历史文化长廊区

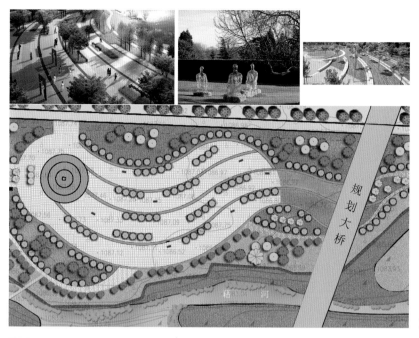

大地艺术观赏区

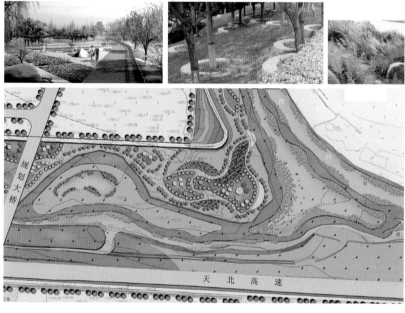

水岸花香风情区

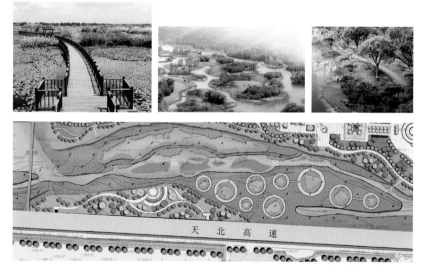

生态湿地水韵区

3.3 生态湿地设计

藉河入渭口生态湿地设计项目位于天水市麦积区北道埠峡口与渭河交汇处，右岸紧邻天北高速，南岸与在建成纪大道为邻。藉河入渭口生态湿地设计范围从河 6 号橡胶坝后至藉河入渭口，全长约 1500m，宽约 200m，设计总面积 30hm²。本次河道治理设计防洪标准为 100 年一遇，生态湿地设计内容为河道疏浚、生态修复、生态边坡治理、恢复河道滨水空间、增加下河踏步等。

根据藉河生态湿地在城市中所处的位置及作用，湿地生态公园分为历史文化长廊区、大地艺术观赏区、水岸花香风情区、湿地水韵风情区 4 个文化区。

在河道内左岸滩地，设计有广场、廊架、景观亭、滨水步道、亲水平台等，供市民进行交流、活动等，右岸进行生态环境恢复，设置以秦朝货币铜钱造型的圆形湿地泡。藉河生态湿地主要是疏浚河道，恢复水清，草绿、鱼跃的生态水体，形成水、绿、人的交融，增强城市活力，打造诗意田园风光。使藉河生态湿地犹如一幅徐徐展开的画卷，呈现在游人面前，为城市滨水生态景观增添靓丽风采。

4 创新与总结
CHUANGXIN YU ZONGJIE

天水市区河流水系得天独厚，自然景观资源丰富，文化积淀深厚。根据藉河治理河段的河流特性，结合现有城区分布状况、城市规划新区布局、水资源现状以及周边公园、道路、桥梁等设施情况，合理规划藉河二期生态蓄水景观工程。

本次规划河段蓄水景观治理的重点技术问题主要为：

（1）泄洪、排沙及泥石流下泄安全问题。

（2）确定"安全、亲水、生态、文化、宜居"的治理理念基础上，融入"海绵城市"理念。重点对三处弯道段规划的自然湿地区，增加一些低堰、潜坝，蓄滞部分水体，形成景观和功能更加丰富的河流湿地区。

（3）蓄水景观总体布局及运行周期问题。

甘肃省天水市藉河湿地公园规划设计

1 工程基本情况

GONGCHENG JIBEN QINGKUANG ....●

1.1 地理位置

天水市位于甘肃省东南部。地处陕、甘、川三省交界，东连华中、华东及沿海各地，西通青海、西藏、新疆、直至欧亚大陆桥上欧洲各国。南临四川、重庆、云南、贵州，北翻六盘山便可进入宁夏，位于祖国的几何中心。本工程位于天水市秦州区，瀛池大桥以西至师家崖村，距市政府约 3km。

1.2 工程背景

天水市藉河生态湿地公园设计，占地面积约 16.5 万 m²，位于藉河一期工程上游约 1km 处，工程范围起点为瀛池大桥以西，末点为师家牙村。湿地规划设计分为滨河绿带、滩地景观，设计长度 3.45km，设计总面积约 12.5 万 m²。右岸堤坡完整，以城市道路为邻，建筑种类主要为城市公共建筑和住宅小区。左岸南沟河至瀛池大桥段，有两栋高层，南沟河左侧三角地内为上亿广场，上亿广场至工程末点，属于无堤防段，堤岸紧邻连霍高速。

1.3 自然条件

甘肃省天水市境内山脉纵横，地势总体上西北高，东南低。海拔高程在 1000 ～ 2000m 之间，高达 3120m，天水地貌区域分异明显，境内地形复杂，高低悬殊，东南部因古老地层褶皱而隆起，形成山地地貌，逶迤连绵的西秦岭和高耸矗立的六盘山镇守在天水市东南边境。北部因受地质沉陷和红、黄土层沉积，形成黄土丘陵地貌。中部小部分地区因受纬向构造带的断裂，形成渭河地堑，经第四纪河流分育和侵蚀堆积，形成渭河河谷地貌。纵横交错的黄土梁峁山磐据在市区中部，并由渭河、西汉水流域切割成一系列串珠状河谷盆地，形成山峦迭荡起伏，沟谷纵横交错的地貌景观。

天水市位于中纬度内陆地区，属冷温带半干旱大陆性季风气候。具有四季分明，冬春干旱少雨，夏秋湿热多雨的气候特点。区内年平均气温 10.6℃，全年降水量一般在 400 ～ 800mm 之间，其中秦岭山地和关山山区受地形海拔高度的影响，降水相对较多，最大年降水量可达 800mm。年内降水分配不均，一般降水多集中在夏秋两季，占年总降水量 77.4%。全年平均日照总时数为 1925h，干旱、霜冬、冰雹、洪流及虫害等自然灾害频繁发生。

藉河属渭河一级支流，发源于甘谷县龙台山，自西向东流经天水市城区，至麦积区北道埠峡口汇入渭河。

藉河支流众多，河系极不对称，多来自南侧。藉河属于季节性河流，汛期流量暴涨暴落，非汛期干旱少水，甚至断流，治理后的藉河碧波荡漾，未治理河段，河道杂草丛生，污水横流。

1.4 当地文化

天水，因"天河注水"的优美传说而得名。相传汉武帝元鼎三年的一天，在现在的天水市域南，大地震动，雷电交加，暴雨如注，地面忽然裂开一条缝，天河之水注入其间，一会便形成一个美丽的湖泊。以后不论旱涝，湖泊里的水位均无增减，而且水质甘冽纯净，有湖水与天河想通的说法。当地老百姓称这个湖泊为"天水井"。后汉武帝下诏依湖建造城池，命名为"天水郡"。

河流是城市诞生的摇篮，凡是著名的城市，总有一条著名的河流与之相伴随。在我国，黄浦江与东海滋润催生了上海，使之从一个小渔村迅速崛起成为一座国际大都市。主要的大城市基本上都是傍水而建。

天水是丝绸之路重镇，国家级历史文化名城，也是华夏文明之源，是中华民族的发祥地，以伏羲文化、大地湾文化、石窟文化、先秦文化、三国文化为代表的五大文化，构成了天水旅游的深邃文化内涵。

中华民族人文始祖，伏羲氏诞生于此。相传伏羲人首蛇身，居三皇之首，百王之先，出生在天水，并在这里的卦台山创制八卦，还模仿自然界中的蜘蛛结网而制成网罟，用于捕鱼打猎。大地湾文化有世界上最古老的彩陶和中国最早的宫殿式建筑、最早的绘画、最早的建筑"水泥"、最早的文字刻符、最早的农业文明等。天水有着"东方雕塑馆"的麦积山石窟，为中国四大石窟之一。走进天水让人不由自主地感受到天水的底蕴和历史传承的厚重，天水的文化标志和标志遗迹物以及一些文化元素扑面而来。走进天水，感受伏羲文化、大地湾文化和佛教东传遗留下来的石窟造像、先秦早期文化、三国文化。天水是天河注水之地也是人文荟萃之地，同时也是旅游、休闲、度假、感受自然美，寻找自然美和历史文化的传承与洗礼。走进天水，观天地之神奇，感人文之智慧，让人必然将流连忘返。

1.5 河道现状及存在问题

河道内生活垃圾乱弃，无人管理，天水市分散性生活污水导致改造段上环境极差，急需改善。

1.5.1 现状与问题

（1）河道现状。目前存在最突出的问题就是水少、水浑、杂草丛生，建筑垃圾随处可见，水环境状况差，河道污染严重，河道内混凝土挡墙，横在河道，影响行洪，左岸建筑密集，无亲水条件，右岸南沟河上游段无堤防。

（2）存在问题。藉河属多泥沙河流，汛期洪水峰高量大，非汛期干旱少水，加之上游工农业相对发达，用水量较大，未治理河段多处于干涸状态，没有可供观赏的水面，常年大部分滩面裸露，河道内杂草丛生，乱采、乱堆、乱种现象严重，人为淤地造田，生态环境和水环境差，与城市环境的改善和发展要求很不适应。随着城市的快速发展，项目区河段现状与之形成极大的反差，特别是上游"藉河城区段生态治理工程"及下游"麦积区生态环境治理工程"的示范作用，市民要求进一步改善生态环境的愿望越来越迫切，随着新一轮的城市规划建设，藉河未治理河段水环境现状已成当务之急。

1.5.2 问题应对措施

天水的湿地公园建设滞后于城市发展，城市湿地受人为活动干预强烈，湿地研究基础薄弱，全民的保护意识有待提高，湿地公园的建设和维护具有特殊性和复杂性。

（1）严格控制生活垃圾污染，建立良好的河道生态景观。城市生活垃圾污染在上游段较为严重，必须有严格的管理措施，防范和制止污水、废弃物等对河道产生污染，使原本优美的河道无人亲近，河道的污染导致河道功能退化。严禁垃圾丢弃，对污水集中处理，达到排放标准后排入河道，为湿地建设提供支撑和保障。

（2）建立和完善藉河滩地、湿地的保护与利用，加快区域内经济发展。我国湿地管理工作起步较晚，缺乏专门的法律法规，许多地区虽然制定了一些相关的条例，湿地保护的法律体系尚不完善，保护力度仍然不够，制定完善的法制体系是有效保护河道生态资源可持续利用的关键。在妥善解决湿地公园附近居民生计问题的基础上，加大对湿地观光旅游的资金投入。改善行、衣、食、住、游、观、购等旅游设施，通过宣传藉河湿地生态环境和景观效应，大力弘扬湿地文化，吸引国内外游客观光并带动相关产业的发展，推动区域内产业结构调整，解决区域周边群众的利益矛盾。

建立和完善藉河湿地公园建设的基础研究，以生态学、经济湿地学和生物工程学等理论为指导，研究湿地公园开发与利用的最佳模式，在保护的基础上充分发挥湿地资源的生态、社会与经济效益。

2 设计理念与目标
SHEJI LINIAN YU MUBIAO ....●

2.1 设计原则

（1）生态环境友好原则。结构完整、功能完善的生态系统是湿地公园建设的首要任务，友好的生态环境是协调人与自然关系的先决条件。

（2）低碳低能原则。低碳低能发展模式已经得到了国际社会的认可，湿地公园中构筑物设计满足需求，能少则少，选择低碳节能的环保材料。在电力供应、科研监测设备设计上，选择以太阳能为动力系统的设备。在建设过程中，提倡低碳低能的建设方式和模式。

（3）可持续发展原则。可持续发展包括湿地内部的可持续发展和湿地与外部社区、区域的可持续发展。湿地公园内部结构不断完善、功能不断协调、不断增加的复合生态系统。湿地公园的内部可持续发展离不开外部的可持续性。

（4）尊重科学原则。科学性是湿地公园设计的坚实基础，设计指导思想和建设目标的科学性、建设过程的科学性。

（5）尊重场地原则。因地制宜，充分利用现有地形地貌条件，减少建设过程中的土方量，注重场地与周边环境的协调，减少破坏生物栖息地，构筑物的外观、样式和颜色与场地周边协调统一。

（6）尊重历史文化原则。 文化是湿地公园的灵魂，因此要利用现有的历史文化遗迹，保护非物质文化资源、挖掘地方历史和文化资源。

2.2 设计理念

从魅力湿地的立意出发，强调生态文明在藉河整治中的引领意义，以城市湿地为核心，融入地域文化，旨在打造一处具有浓郁人文气息且又不失自然之美的生态湿地公园，让居民可更亲近自然、享受自然。

2.3 设计目标

优化城市功能，打造生态天水的品牌。改善湿地生物的生长条件，为其创造适宜的生存、繁衍空间，从而保护和恢复已遭受破坏的湿地生态结构，提供教育机会和加强市民对湿地生态系统的认识。

3 湿地景观规划设计
SHIDI JINGGUAN GUIHUA SHEJI ....●

3.1 总体布局

湿地为人类提供了集聚场所、娱乐场所、科研场所和教育场所，由于湿地特有的资源优势和环境优势，一直是人类居住的理想场所，是人类社会文明和进步的发祥地。湿地具有自然观光、旅游、娱乐等方面的功能，国内有许多重要的旅游风景区都分布在湿地地区。城市中的水体在美化环境、为居民提供休憩空间方面有着重要的社会效益。湿地丰富的野生动植物和遗传基因等为教育和科学研究提供对象和实验基地。湿地保留的过去和现在的生物、地理等方面演化进程的信息，具有十分重要和独特的价值。还河流以空间，是防洪规划的新理念，国际上比较注重"堵疏结合、蓄洪并重"的治水理念，增加河流过水断面，给洪水以出路。

藉河湿地水源主要为上游来水，不同于别处湿地，湿地的植物搭配主要以适合天水本土植物生长，达到观赏效果为主。国内许多湿地水源来自污水处理厂处理的中水，在湿地建设时考虑到其净化工艺，在植物选择及进、出水口都有设计标准要求。

藉河湿地是在现有河道内，在不影响河道原有功能，保证防洪安全的前提下，疏浚整治河道，利用部分河道蓄水，设置低矮锯齿状滚水坝蓄水。锯齿状滚水坝顶面高程高出上级水面0.3m，犹如汀步人可以通行，锯齿状凹槽处过水，形成的蓄水水面为3年一遇洪水范围。多级跌落的水系，丰富了水面形态，起到了人工曝气的作用，增加水体含氧量，保持水质。防洪标准为20年一遇。

藉河湿地鸟瞰图

湿地设计以一条红色"飘带",贯通不同主题单元的生态带,建立起场地的游览道路系统,为整个场地提供了极具艺术趣味的活动体验,形成藉河边上独特的生态系统观光带,用现代艺术的手法,彰显生态藉河空间感受。

设计发挥其自然的亲和力,建立多元下的共融生态系统,让场地的体验感受促成无边界的自然生态氛围,形成藉河独特的"湿地系统",彰显现代都市体验的自然回归。

"一峰则太华千寻,一勺则江湖万里",是天水文化意境的营造,是藉河在文化上的延展。势态流通,虚实相生,步移景异,情随境迁……"曲水流觞雅士情,荷香送爽棋声韵。"形成藉河边上特有的文化系统,彰显传统意境的休闲体验。

3.2 分项景观设计

3.2.1 滨水休闲区

人具有天然的亲水性,水可以提供游憩休闲,开阔心境、风水暗示,清洁空气等多方面的价值功能。城市河流哺育了灿烂的城市文明,城市河流不仅是一种自然景观,更蕴含着丰富的文化内涵,它是自然要素,也是一种文化遗产。天水市水体周围的滨水区是城市中的特定地段,有着与其他区域迥然相异的空间特征,往往积淀了丰富的历史遗存,在藉河的湿地规划中与城市文化、风格、历史、人文相协调,突出亲水文化,让河流文化得以延续,提升城市河流的文化价值,促进水文化的继承和发展。滨河休闲区位于西河藉河右岸,入口广场结合伏羲文化,选用代表性的八卦图案元素符号进行设计。在湿地入口处设计有浮雕墙,雕刻有"画八卦、接网罟、兴嫁娶、创乐器"等发明创造。设计以绿色为底,与河滩一起构成整个场地的基底色,"飘带"和花卉是洒落在藉河生态带上面的一个个亮点,红色"飘带"时而为地面铺装,时而为景观小品,时而为景观廊架,形成丰富多变的景观空间。花卉植

| 入口鸟瞰图 | 生态观光区鸟瞰图 |

物组合，选用色彩明快的植物，红、黄、绿、橙、紫等，平面用流畅的曲线，突出生态带的图底关系。多彩的植物丰富了绿化带的色彩，好像一条条瑰丽的彩带，随地形的曲直飘逸在藉河岸边。植物选择以本土植物为主，着重选择抗性强，有益健康的植物，构成一个生态绿肺。藉河中的生态绿岛，依据河道内现有滩地进行梳理，根据河道比降，设计多级跌水，跌水坝并非横于整个河道，而是岛屿与岛屿之间的连接。

3.2.2 生态观光区

中国旅游业在经历了近 30 年以观光为目的的初级发展阶段后，休闲度假式及其他商业性旅游已逐渐成为旅游消费的主流和国内旅游发展的重要方向。单纯的观光旅游已经不能满足人们的需求，发展滨水观光、休闲以及特种旅游相结合的方式才符合人们不断增长的休闲需求，也是旅游产业发展的必然趋势。休闲观光游在藉河现有的资源基础上建立起完整的休闲度假体系，才能有更广阔的前景。生态观光区位于西河藉河右岸，平面设计主要用彩色的种植花带贯穿整个设计，营造出浪漫的氛围。植物带宽窄不一，每一段突显的植物都不同，无固定比例，根据景观效果确定。在植物选择上，用大量观花观叶植物，在色彩的搭配上注重有人的视觉审美，花海中设计有木栈道，也有原生态的道路。漫步在绿色掩映、鲜花芬芳的小道，使人不知不觉的沉醉在梦里，忘却了尘世的一切烦恼，熨平了一颗颗或激动或浮躁的不安心灵。

在有限的滨水绿地内建立多种野生动物栖息地，形成具有高效生产力、修复能力的自然生态群落，充分发挥滨水区的环境效益、社会效益及经济效益。

3.2.3 湿地生态科普区

此段工程右岸属于无防洪堤段，湿地、滩地生态景观设计主要集中在右岸，堤防规划设计为生态堤防，保持水生动物适宜的生存条件，以创造良好的自然环境，也是防洪观念上的重大转变，也是发达国家治水基本要求和主要特征之一。在湿地科普区尽量选取人为扰动最小的区域、避免人类活动密集区，以良好的生态环境和多样化湿地资源为基础，以湿地科普宣教、湿地功能利用、弘扬湿地文化为主，为人们提供休闲、科普的场地，既营造了优美的自然环境，也保持了水土，减缓了水流汇集时间，客观上起到了正木清源、减小洪涝灾害的作用。

保留现状河堤内的漫滩地，对它的利用必须适合其自然功能。也就是说，泛洪区应作为软木（喜

生态科普区鸟瞰图

湿地效果图

湿树木）河滩，硬木（干旱树木）河滩或绿地使用，让它自然发展为河林滩，而不是刻意营造河滩必须听任于自然的水流体系。湿地科普区倡导野草之美与低碳景观，大量应用了低维护成本的乡土植物，植物要具有良好的生态适应能力和很强的生命力，为动植物提供栖息地，维持生物的多样性。漫步其间，人们仿佛又回到了昔日蜿蜒流淌的母亲河畔，它即将承载重建人与自然和谐相处的时代文明继续前行。

近年来，随着水利事业的蓬勃发展，涌现出了许多水利风景区，在规划上"建一处工程，成一处风景"的设计思路，加快发展关天经济区，着力推动天水风情线的建设。极大地丰富了天水旅游市场，完善了旅游产业链，为游客亲近自然、休闲度假、亲水乐水创造理想场所。同时也保护了水环境，修复了水生态，传承了水文化，展示了水科技。

3.2.4 备选方案

此方案构思干涸的土地，一块块干裂的泥土，犹如渴望甘露的孤岛，孤岛演变为生态岛，各自独立又互相依托，生生不息。每一条河流都肩负着城市的命脉，繁荣或衰败，取决于人类对自然的尊重或破坏。

规划方案在保证河道行洪的前提下，留出主河槽，设置许多生态岛屿，岛屿的高程各不相同，在水位高程变换的情况下，岛屿有时会被淹没在水下，有时会露出来。不同的水位观赏到不同的景观效果。突出生态、景观、娱乐、休闲功能，以清新、优美的自然河道景观带动城市的发展，为城市创造良好的生态环境。

在3年一遇的洪水位上，种植地被花灌植物，5年一遇洪水位，设计休憩空间，景观廊架，观景平台。体现1年不淹草，3年不淹灌的构想。

鸟瞰图

湿地效果图

4 创新与展望
CHUANGXIN YU ZHANWANG ....●

4.1 设计创新

目前国内大多数城市中心区河道堤岸整治由于土地原因，大都采用单调的浆砌条石垂直断面或水泥堤岸，只考虑了泄洪排水功能，未从城市生态建设出发，未对生态河堤建设给予充分的重视。在藉河湿地规划设计中，右岸大部分堤防采用生态堤防。藉河河道把水、河道与堤防、河畔植栽连成一体，通过科学的设计配置，充分利用自然地地形、地貌的基础上，建立起阳光、水、植物、生物、土壤、堤体之间互惠共存的藉河河流生态系统。生态河堤的坡脚护底具有高孔隙率、多生物生长带、多流速变化带，多鱼类巢穴，为鱼类等水生动物和两栖动物提供了栖息、繁衍和避难场所，岸边的柳绿树丛为陆上昆虫、鸟类等提供了觅食、繁衍的好场所，浸入水中的柳枝、根系为鱼类产卵、幼鱼避难、觅食也提供了空间。

4.2 效果展望

河流是城市的发祥地、是城市的灵魂，藉河湿地建成后不但具有丰富的资源，还有巨大的环境调节功能、景观美化和生态效益。均化洪水，调节气候，降解污染物为人类提供了生产、生活资源，促进了天水旅游业的发展。

4.2.1 减缓径流和蓄洪防汛

随着社会和经济的发展，人们物质生活水平的提高，对水环境提出了更高的要求，在治水观念上相应有了很大转变。河道中的湿地是地势低洼地带，与河流相连，是天然的调节洪水的理想场所，同时也补充了地下水源。因为河道低洼地是相互补充的洪水调节涵蓄系统。安全格局是从整个流域出发，流出可供调洪、滞洪的湿地和河道缓冲区，满足洪水自然宣泄的空间。河道治理由过去单一的修建防洪工程来达到防灾减灾目标，转变为以保护水环境的多目标综合治理，建设湿地，减缓洪水流速，保留河流的生成和运动并有其自然的摆动范围，留出足够的行洪通道，保证蓄洪区的蓄洪功能。

4.2.2 美化城市环境

良好的河流景观与滨水环境是现代化城市的重要内容，而营造城市景观环境离不开大自然中与城市关系最密切的河流与水面。开阔的水面和流动的自然水体所形成的自然风貌，无疑给城市增添了许多魅力。从"田园城市"理论到"山水城市"的设想，无不反映了城市人对城市优美胫骨环境的向往和追求。湿地是城市周边最具生态价值的自然板块之一，是天水城市特色的主要组成部分，是城市旅游发展的载体，现代都市景观与充满野趣的湿地公园共同构成和谐丰富的城市人居环境。

4.2.3 湿地旅游观光和教育研究

湿地有较大的旅游观光潜力，湿地作为观光、游览的重要场所，是城市发展的历史缩影。湿地生态旅游是生态旅游的主要类型之一，是一种观察湿地的景观、物种、生境和生态系统、维持河道自然环境原貌的旅游活动。以湿地、滩地资源为基础的旅游活动，具有自然保护、环境教育和社区经济效益等一系列功能。湿地的宗旨是让游人认识湿地，享受湿地的同时提高湿地生态环保意识。湿地生态旅游是以生态为目的使生态旅游延伸为绿色旅游。

藉河一期工程，形成了景观蓄水面，成为天水市一道靓丽的风景线，藉河天水市域段缺少一处湿地。

在一期上游段规划设计湿地，弥补了天水湿地的空缺。藉河湿地作为科普教育基地，区段的构造、植物搭配、水质净化、阻挡水流、沉降泥沙等等，通过文字、图片组合详细介绍展示给游人，并辅助一定的设施，寓教于乐。

随着经济的快速发展，城市的规模急剧扩大和城市化迅速提升，城市湿地建设应引起足够的重视。植物景观的规划设计对藉河湿地公园的建设起着至关重要的作用。通过选择合适的植物、运用科学搭配、艺术造景、合理的维护，通过植物来营造环境、改善环境、为其他动植物、微生物创造适宜的活动空间和丰富的取食环境，再现人与自然和平共处、和谐相处的理想环境；为天水市实现"三城联创"城市，创建国家级园林城市、国家卫生城市、中国最佳历史文化旅游城市添砖加瓦。

甘肃省天水市武山县渭河城区段生态环境综合治理工程

1 工程基本情况

GONGCHENG JIBEN QINGKUANG ....•

1.1 地理位置

天水市武山县位于甘肃省东南部，天水市西端的渭河上游，东连甘谷，南靠岷县、礼县，西接漳县，北邻陇西、通渭二县，地处东经 104° 34′ ~ 105° 08′，北纬 34° 25′ ~ 34° 57′。武山县是古"丝绸之路"的咽喉要道，县城西距兰州市 274km，东距天水市 109km，享有国家级标准化蔬菜生产示范县、全国绿色蔬菜示范县、全国蔬菜生产重点县、"中国韭菜之乡""中国民间文化艺术之乡""全国武术之乡""玉器之乡"的美誉。

武山县地处秦岭山地北坡西段与陇中黄土高原西南边缘复合地带，地势西高东低，南高北低，均向中部河谷川区倾斜，海拔在 1365 ~ 3120m 之间，属温带大陆性半湿润季风气候，年平均气温 9.6℃，降水量 500mm。县境东西宽 57.5km，南北长 59.5km，总面积 2011km²。

武山县属渭河流域，渭河流经陇西入武山，横贯县境中部，干流全长 48km，两岸主要支流有榜沙河、山丹河、大南河、漳河等。

1.2 城市简介

武山县下辖6镇9乡，344个村委会，4个居民委员会，总人口44.28万人，其中农业人口37.87万人，有汉族、回族、蒙古族、维吾尔族等 11 个民族。武山属典型的农业县，农业以种植业为主，作物有小麦、洋芋、玉米、高粱等 20 多种。经济作物以油料、蔬菜、药材、瓜果等为主，经济林果有苹果、桃、梨、杏、核桃、葡萄、花椒等。蔬菜是武山的一大支柱产业，武山蔬菜以其质优、无污染、品种多而闻名，产品远销 20 多个省市和地区。全县蔬菜种植总面积达到 16 万亩，总产量达 5.6 亿 kg，总产值 3.6 亿元，占农业总产值的 2/5。

近几年，武山县投资、人居环境都有较大改善。城区干支道形成了网络，G30 连霍高速及 G316 国道穿境而过，交通十分便利。以"北扩东延"为重点，加快实施大城区建设战略，新建了渭北和火车站两大新区，建成宁远大道中东段、南北滨河路、渭河 2 号大桥、民主路人行桥、渭河风情线等一批市政重点工程，启动了城区亮化工程等。城市管理和经营水平日臻提高，城市品位明显提升，城市综合竞争力进一步增强。为工程的实施打下了良好的基础。

1.3 河道分布

渭河是黄河一级支流，发源于甘肃省渭源县鸟鼠山，自西向东流经甘肃省渭源、陇西、武山、甘谷、天水，于宝鸡市凤阁岭流入陕西省，横贯八百里秦川，由潼关的港口泄入黄河，河道全长 818km，流域面积 13.48 万 km²。其中渭河在甘肃省内河长 360km，流域面积 2.56 万 km²。区内由上而下汇入的主要支流有 14 条。北岸有秦祁河、咸河、散渡河、葫芦河、牛头河等；南岸主要有榜沙河、大南河、藉河等。

1.4 水文条件

1.4.1 年径流

渭河自源头接纳大小河流支沟 50 余条，河道径流主要由降雨补给，南北两岸支流有不同的水文特性，北岸支流水少泥沙多，水量较贫，主要为暴雨洪水，补给干流水量占 13%，水量补给主要靠南岸支流，补给干流流量占 81%，区间径流量占 6%。径流年内变化同降水相应，主要特点为年分配不均匀，汛期水量集中。根据实测径流资料统计，4—6 月径流量占全年的 25.9%，7—9 月占 42%，5—10 月占 75.1%，枯水期流量很小。

根据干流武山、北道及林家村水文站制作的多年径流与面积关系图，查得工程区多年平均径流为 18.2m³/s。

1.4.2 洪水

将渭河武山站、南河川站、林家村站的实测洪水资料组成一个连续系列样本，分别加上各站调查到的历史特大洪水组成洪水系列，用 P-Ⅲ 型曲线计算各站设计洪水。武山县渭河城区段生态环境综合工程 30 年一遇设计洪水流量为 2480m³/s。

1.4.3 泥沙

渭河为多泥沙河流，居甘肃省河流泥沙含量第二位，属水土流失最严重的流域之一。榜沙河以下渭河干流泥沙根据渭河武山站、北道站、林家村站的实测资料，分析其泥沙特征值，采用内插法推算出治理河段悬移质多年平均输沙率为 986kg/s，多年平均输沙量为 3109 万 t，多年平均侵蚀模数为 3219t/km²。

渭河各水文站无实测推移质资料，本次推移质输沙量按悬移质输沙量的 15% 计为 466 万 t，计算治理河段总输沙量为 3576 万 t。

1.5 工程现状及存在问题

1.5.1 河道现状

本次规划渭河治理范围为武山县主城区河段，上起渭河北顺渠渠首，下至武山县高速公路桥以下 50m 处，治理河段长度为 3.6km。

项目区左岸紧临武山县滨河北路及县城新区，右岸为滨河南路及老城区，渭河武山水文站位于工程区河段内，工程区上游分布有北顺渠渠首 1 座，东顺渠沿渭河右岸下行至吊桥处折向城区，渠道多数地段高程较低。河道两岸局部段建有堤防工程，设防标准为 30 年一遇，现状河道宽度 105 ~ 210m，

| 项目区前端北顺渠渠首 | 项目区河道 |

河道平均比降为 4.5‰，河道南岸有红峪河、庙峪河，北岸有马河等 3 条支流汇入渭河，流域面积为 2 ～ 5km²。此外，治理区河段内分布有交通桥 3 座，人行桥 3 座。

1.5.2 存在的问题

（1）防洪设施不完善，防洪能力有待进一步提高。本次规划治理河段渭河两岸部分段落建设有堤防工程，防洪标准为 10 ～ 20 年一遇，但大部分堤防为 20 世纪 70 年代群众自发建设，结构形式为重力式浆砌石挡墙结构，堤距为 100 ～ 120m，基础埋深为 2.0m 左右，最大堤高为地面以上 3.2m。现状堤身受水流冲刷、淘蚀，塌陷、破损严重，局部段堤身变形，防洪能力低。对项目区整体河段而言，渭河未形成完整的防洪体系，加之局部河道杂乱，整体不满足 30 年一遇洪水设防要求，防洪标准有待进一步提高。

（2）河道垃圾堆填、污水排放严重，水环境差。渭河自西向东穿过武山县城区，是武山县重要的水利命脉，是县区人民的母亲河，理应成为武山县的形象河。虽然渭河穿城而过，但由于渭河年内来水不均、洪枯比大，非汛期常年部分滩面裸露，不能为城市提供可供观赏的水面，没有形成大的水面景观。现状年治理河段前段建有北顺渠渠首，右侧为冲砂闸，左侧为拦河堰，但建设主要功能为引水，堰前淤积严重，无景观水面，河道内杂草丛生。治理区现状与县城风貌极不协调，与当地居民要求改善生态环境，提高生活质量的愿望相悖，也与城市环境改善和发展要求很不适应。影响了武山县城的整体形象，制约着城市经济的发展。随着城市的建设和人民生活水平的提高，对生态环境的改善要求越来越迫切，因此，改善市区河段水环境现状已成当务之急。

2 规划理念与目标
GUIHUA LINIAN YU MUBIAO ....●

2.1 指导思想

以科学发展观为指导，以人水和谐为治水理念，以促进和保障武山县经济建设、社会和谐发展及改善渭河水生态环境为目标；以保障城市防洪为前提，以水生态修复、水景观建设、地域文化挖掘为重点；实施渭河生态环境治理、水景观建设；努力实现武山县人水和谐、生态环境与经济协调发展，构建美丽武山。

2.2 规划理念

水是依托，文化是灵魂。把握渭河是武山县城中河的特点，渭河水景观规划以"亲水、生态、文化、宜居、魅力"为核心，注重人水和谐、体现地方文化特色、突出水和绿色，在确保防洪安全的基础上，以大水面景观为主、滩地绿色生态相融合，彰显"渭水依城、田园绿城"的主题。

具体从4个方面重点把握：①以人为本——绿色设计；②注重文化——地域特色；③注重亲水——人水和谐；④易于实施——因地制宜。

2.3 规划原则

武山县渭河主城区河段规划突出"安全""亲水""生态""文化"，强调景观的亲水性、协调性和多功能性。同时应遵循以下原则。

（1）因地制宜、统筹发展的原则。

（2）满足防洪标准、确保防洪安全的原则。

（3）遵循人水和谐的治水原则。

（4）切合实际，综合利用水资源的原则。

（5）总体规划、突出重点的原则。

（6）服务城市发展，改善人居环境的原则。

（7）工程总体布局合理、可行、经济。

（8）整个工程运行安全、运行成本合理。

（9）长远规划、分步实施的原则。

2.4 规划目标

本工程遵循人水和谐的治水理念，顺应现代化城市水利要求，充分利用渭河水资源，在确保市区防洪安全的基础上，营造优美的城市河流生态景观，使渭河成为一道"水清、岸绿、景美"的靓丽风景线，整体提升武山县主城区城市品位，把武山建成集"山、水、路、林"为一体、地域文化特色鲜明的生态型园林城市。

3 工程规划设计
GONGCHENG GUIHUA SHEJI ························· •

3.1 总体布局

工程共布置橡胶坝 5 座，一号桥位于工程区最上游，桥址处河段属弯道段，考虑坝址要求，同时保证桥址水面景观效果，规划 1 号坝布置于一号桥的下游约 380m 处，使一号桥处于蓄水区之间，形成的景观效果最佳。回水范围至北顺渠渠首下游，同时保证 1 号坝位于弯道下游顺直段，此处河道较窄，可减少坝长，节省投资。二号桥、高速公路桥及建设中的人行桥基本都位于河道顺址段，根据 1 号坝布置原则，规划 3 号坝、4 号坝及 5 号坝均位于桥下游侧，其中 4 号坝位于桥下游 150m 处，5 号坝为 50m；考虑到二号桥上下游分别有红峪河及庙峪河两条支沟汇入，为减小其对坝址的影响，3 号坝适当偏下游布置，坝址距二号桥距离为 450m，距上游近处庙峪河汇入口距离 320m。1 号坝及 3 号坝址间为河道顺直段，布置 2 号坝址位于人行桥下游侧 50m，坝址距下游红峪河汇入口 100m。

节点效果图

四级蓄水区鸟瞰图

甘肃省天水市武山县渭河
城区段综合整治工程平面
布置图

为了增加工程的亲水性，根据河道现状滩面分布以及蓄水区设计水位，结合项目区堤防工程改建，使蓄水区左侧形成连续的滨河生态绿地及亲水平台，形成绿地景观长廊。根据蓄水水位及右岸堤防现状，设置景观木质栈道长 1800m。工程总体布置力求增加居民亲水性，体现人水和谐性。

工程共布置橡胶坝 5 座，坝高均为 3.5m，坝长 105 ~ 150m，蓄水宽度 105 ~ 150m，总蓄水面积 673.0 亩，总蓄水量 87.5 万 m³。左岸连续布置滨河生态公园总面积为 68.0 亩，共布置左侧亲水平台长 3500m，右侧木质栈道长 1800m。工程匡算总投资为 1.27 亿元。

3.2 分项设计

3.2.1 水工设计

本工程的建筑物主要有左右岸堤防改建、橡胶坝、充排水泵站及防渗工程等。

3.2.1.1 左右岸堤防改建

本工程集防洪、蓄水及景观美化于一体，实施过程中需对左右岸堤防进行配套达标治理，考虑蓄水景观区的亲水要求，实施过程中可对右岸堤防进行改建和美化，修建亲水平台、码头等亲水设施，满足市民亲水的需求。

3.2.1.2 橡胶坝

为与整个工程及市区环境协调，橡胶坝采用彩色坝袋。橡胶坝的坝型选择按坝袋内充涨介质的不同可划分为充水式、充气式和水汽混合三种形式，由于充水式橡胶坝在坝顶溢流时，袋型稳定，振动小，过水均匀，对下游河床冲刷小。坝袋制造、强度、安装以及运行管理要求较低，目前单跨最大跨度 150m，坝袋破损漏水点易查找，维修容易，本次规划选择充水式橡胶坝。

根据《橡胶坝技术规范》（GB/T 50979—2014），由于橡胶坝采用混凝土底板，硬化河床，故应避免底板高程过高，影响河道过洪能力。因此，坝底板高程应不高于河槽平均高程。根据以上原则，结合河道整治，从不影响河道过洪及保护坝袋应具备一定的拦砂能力方面考虑，坝底板设计高程按照平整河床高程抬高 0.2m 控制。结合工程区河段的实际情况，本阶段初步规划橡胶坝坝高为 3.5m。

橡胶坝段沿河道方向主要由上游防冲段、钢筋混凝土铺盖段、钢筋混凝土橡胶坝底板段、钢筋混凝土跌坎及消力池段、块石混凝土海漫段、下游防冲段等部分组成。为满足坝袋运行稳定及避免泥沙进入坝袋底部磨损坝袋，设计采用双锚线布置，考虑施工方便及结构安全，采用螺栓锚固。

3.2.1.3 泵站

橡胶坝的充排水控制系统由泵站来完成。根据防洪要求，需要在较短时间内排水塌坝，由于橡胶坝不具备自流排水条件，所以采用动力式充排水方案。充排水系统由水泵、阀门、电动阀门、表计以及相应的管路组成。根据结构布置和运行要求，橡胶坝的充水和排水采用相同的管路系统，不独立设置。所设双吸式离心泵同时兼作充排水之用，运行时通过阀门的切换来实现。本工程初步规划一座泵站控制两座橡胶坝，共规划 3 座泵站，均布置于左岸堤防外侧的绿化景观带内。

二号桥鸟瞰图

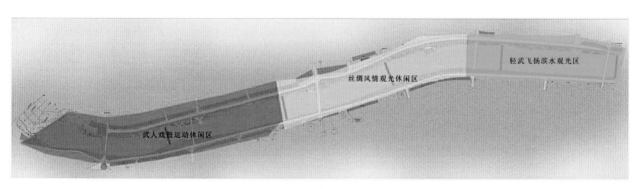

布局分区图

按照国内控制自动化的水平，要求运行人员能在每个泵站控制室对水泵启动、停运及水道阀门进行控制操作，对供配电系统进行监控。

3.2.1.4 工程区防渗

根据现有地质资料，河床及两岸河漫滩为砂砾卵石层，青灰色，结构疏松，砾卵石成分为变质砂岩、灰岩等，磨圆度较好，多呈次圆状，砂为中粗砂，含泥量较高。局部高漫滩表部为 0.3～1.0m 厚砂土覆盖，砂砾卵石层厚 8～10m，渗透系数为 50.2～101.9m/d，属强透水层。下伏为新第三系砖红色黏土岩、砂质黏土岩，夹粉砂岩、砂砾岩。

由于河床质属强透水层，工程蓄水后会发生渗漏，对蓄水区周边环境可能产生浸没影响，本阶段初步选择在两岸堤基增设砼防渗墙方案进行蓄水区防渗。

3.2.2 水景观设计

以甘肃省天水市武山县渭河治理规划方案为依据，参考武山县确定的"十二五"发展思路和奋斗目标，结合城区河道现状，因地制宜地将整个区域规划成武人戏鼓运动休闲区、丝绸风情观光休闲区、轻武飞扬滨水观光区三个大的布局分区。

（1）武人戏鼓运动休闲区。该区位于规划区域的最西段，在1号橡胶坝与2号橡胶坝之间的水面上设置了一个大型的形似旋鼓的观景平台，同时利用河边的有利地形设置一些简单的石子步道、健身器材、休闲平台等运动健身设施。

该景区主要以运动健身为主题。武山旋鼓源自古羌人的舞蹈、祭祀活动，长期以来深藏在草根阶层之中，具有很高的民俗学研究价值，并且世代代都深受武山人的喜爱。武山旋鼓舞于2008年6月被列入国家非物质文化遗产名录，大型的旋鼓景观平台为武山人提供一个舞动旋鼓的好去处。同时在该区域种植大面积的绿色植物带，让游人、散步者更能亲近自然、享受绿色生活，营造河清岸绿的和谐景观，提高城市的旅游环境。

（2）丝绸风情观光休闲区。该区位于渭河规划区域的中间段，离市中心较近，交通便利，市民能够很快融入生态滨水环境中去，是城市居民日常活动，亲近自然、享受自然的好去处。

武山是古"丝绸之路"的咽喉要道，自古以来就是中原通往西域的交通要道。因此，在该区内3号橡胶坝与4号橡胶坝的水域之间，设计了一个丝绸飘舞的亲水平台，从飞机上俯视，宛如一条飘舞的丝带，彰显着武山在"丝绸之路"上重要位置。

不论是漫步在滨河步道上眺望水景，还是走近到丝绸飘舞的亲水平台上嬉水、垂钓，都是非常惬意又放松的休闲活动。该区域主要由灌木、小型乔木和休闲戏水设施构成。各种美丽的花卉植物、绿色小型植物组群，为渭河河道生态环境锦上添花。同时，把繁扰的城市生活与滨水景观分隔开，满足市民远离繁扰市区，亲近自然的需求。

（3）轻武飞扬滨水观光区。武山武术历史悠久，内容丰富、风格独特，有着深厚的传统底蕴和群众基础。该区域在4号橡胶坝与5号橡胶坝之间设计两个亲水平台，为武山武术表演提供合理的场地支持，使武山"武术之乡"的名气轻武飞扬！

该区域在市区与渭河之间建立"四季常绿、三季有花、层次分明、水清岸绿"的自然生态滨水景观，不仅保护河流的生态系统，同时还能起到美化城市环境的作用，成为整个城市中一道亮丽的风景线。此段由于地理位置和环境的限制，以绿化为主，在岸边设置一些小型的木平台供人们休憩赏景，眺望整个渭河对岸的美丽景色。

4 创新与展望
CHUANGXIN YU ZHANWANG ································•

　　武山县渭河城区段生态环境综合治理工程是一个系统工程，涉及城市河道水利及防洪、泥沙、污水治理、两岸景区美化和开发等综合性项目。本次规划基于武山县渭河主城区河段的基本特性及水沙条件，进行了科学合理的水工程景观规划。通过水景观工程总体布局以及科学制定后期工程运行管理方案，重点解决了该河段泄洪和排沙安全问题以及泥沙淤积等问题。

　　工程通过营造生态绿地及景观水面，恢复河道生态功能，充分体现人与自然的亲和性，提升城区段渭河的整体景观效果，构建沿渭河蓄水景观带，旨在该区域营造出水（景观水面）、绿地（滨河生态公园）、桥梁、路为一体的优美景区，形成武山县城区一道靓丽的风景线，重现母亲河风采。

甘肃省临夏市水系防洪及生态环境综合治理工程规划

1 工程基本情况
GONGCHENG JIBEN QINGKUANG ....●

1.1 地理位置

临夏市，隶属临夏回族自治州，是临夏回族自治州州府所在地和全州政治、经济、文化中心。临夏市地处黄河上游，平均海拔 1800m，距省会兰州 150km，为甘肃省西南部中心城市。史称枹罕、河州，素有"茶马互市"、西部"旱码头"和"河湟雄镇"之称，享有"花儿之乡""彩陶之乡"和"牡丹之乡"的美誉。

1.2 自然条件

临夏市地形西南高，东北低，南面以南龙山，路盘山为屏障，北依山源头。地势自西向东北倾斜，全市平均海拔 1917m，最大高差 398.3m。市区坐落于大夏河下游的河谷川地。临夏市域为北原坡、南龙山、路盘山、凤凰山合围的黄土高原带状河谷阶地。大夏河穿境而过，牛津河、红水河在市区汇入大夏河后，随大夏河注入黄河。临夏地质构造系祁连山褶皱带，临夏—临洮向斜盆地的西部边沿，秦岭与祁连山的交接所在。

辖区内有黄河一级支流大夏河，另有红水河、牛津河为大夏河一级支流，境内水资源丰沛。

临夏市属温带半湿润气候，具有四季分明、昼夜温差较大的特点。年平均气温 6.7℃，极端最高气温 32.4℃，年平均降水量 484mm，蒸发量 1343mm，降水量年内变化较大，且比较集中，夏季多于冬季。全年无霜期 162 天。

1.3 当地文化

临夏市总面积 89km²，总人口 27 万人，境内居住着汉、回、东乡、保安、撒拉等 18 个民族，以回族为主的少数民族人口占一半以上，是国内回族人口最集中的地区之一，具有浓郁的穆斯林风情和风俗文化，素有"中国小麦加"之称，也称"东方小麦加"。

1.4 工程现状及存在的问题

1.4.1 规划区现状

临夏市水资源丰富，市区内河道、灌溉渠道成网状分布，大夏河自西向东穿城而过。在市区河段沿线有红水河、牛津河等多条支流汇入大夏河，并分布有多个电站、灌区引水口、桥梁等建筑物，大夏河自上而下分别有支流老鸦关河入汇口、槐木关河入汇口、西川电站引水口、南川灌区引水枢纽、畅沁园大桥、在建南川水电站、东西川灌区罗家堡引水口、自来水厂引水枢纽、二大桥、一大桥、红水河入汇口、牛津河入汇口、三大桥、老虎嘴电站枢纽等。

本次规划大夏河范围全长约28km，其中老鸦关至畅沁园大桥段河道两岸现状基本无堤防工程，河道外侧多为河滩地、耕地，畅沁园大桥以下河段有不连续的堤防工程。二大桥至老虎嘴电站河段两岸为城区，河道两岸基本都建有堤防工程，现状河道宽度95 ～ 170m。

红水河为山区季节性河流，河型为宽窄相间的耦节状，两岸缺少宽阔的河漫滩。由于流域内植被较差，暴雨所形成的洪水挟带大量的泥沙形成泥石流，对河岸侧蚀严重。特别是城区及下游段河道比降不均，杂草、泥沙、城市垃圾、污水随意倾倒河中，淤积严重，两侧河岸建筑密集，多数河段房屋直接修建在河堤上。红水河现状河宽最窄处（蒋家滩至大夏河入口段）不足5m，最宽处约22m，河道断面狭窄，无法满足行洪要求。由于遭受多次洪灾，红水河两岸现有的部分堤防基本为群众自建，工程简陋、分散，互不连接，且标准过低，基础埋设浅，淘刷、破坏严重，未形成完整的防洪体系。

1.4.2 存在的主要问题

（1）防洪能力有待进一步提高。根据治理范围大夏河两岸堤防工程现状，上游段基本无堤防

大夏河河道现状

红水河现状

工程，畅沁园大桥以下河段仅分布有不连续的堤防工程，就现状而言，整个临夏市大夏河未形成完整的防洪体系，加之局部河道杂乱，整体不满足 50 年一遇洪水设防要求，防洪标准有待进一步提高。

红水河现状河宽狭窄，淤积严重，根据红水河防洪工程可研，市区段防洪标准为 50 年一遇，现状河道淤堵严重，整体防洪能力差，不能满足设防要求。

（2）水环境恶劣。大夏河自西向东穿过临夏市市区，红水河蜿蜒穿行于市区内，它们均是临夏市重要的水利命脉，是临夏市人民的母亲河，理应成为临夏市的形象河。

虽然大夏河穿城而过，但常年部分滩面裸露，不能为市区提供可供观赏的水面，没有形成大的水面景观，现状规模较小的滚水坝蓄水景观区淤积严重。主城区段红水河河道内杂草丛生、垃圾杂物淤积严重、污水横流，周边环境恶劣。这与城市风貌极不协调，与当地居民要求改善生态环境，提高生活质量的愿望相悖，也与城市环境改善和发展要求很不适应，影响了临夏市的整体形象，制约着城市经济的发展。随着城市的建设和人民生活水平的提高，对生态环境的改善要求越来越迫切，因此，改善市区河段水环境现状已成当务之急。

2 设计理念与目标

SHEJI LINIAN YU MUBIAO ....

2.1 指导思想

以科学发展观为指导，以人水和谐为治水理念，以促进和保障临夏市经济建设、社会和谐发展及改善水生态环境为目标。以保障城市防洪、排涝为前提，以水生态修复、地域文化挖掘、水系景观建设为重点，全面实施兴利除害、水资源配置、生态环境治理、水系景观建设；努力实现临夏市人水和谐、生态环境与经济协调发展。

2.2 规划理念

水是依托，文化是灵魂。临夏市水系规划以"亲水、生态、文化、宜居、魅力"为核心，通过对大夏河、红水河的综合治理，充分利用该地区水资源相对丰富的有利条件，彰显"漓水绕城、田园绿城"的主题，实现"居家伴碧水，举目望青山"的宜居品质。

规划理念主要体现如下。

（1）亲水——沿大夏河河道布设低坝拦蓄清水，形成蓄水景观。引水入红水河，让市区内的红水河清水流动，并沿红水河河道布置低堰、跌水等建筑物，建设亲水设施，实现人水和谐。

（2）生态——沿大夏河中段河滩规划滨河生态公园，沿红水河两岸规划 20m 左右的滨河绿地景观带。规划融入绿色设计，采用生态护坡、生态挡墙，对已建堤防进行人工修复，营造带有城市服务功能的滨河绿地景观带。

（3）特色——营造大夏河碧波荡漾的大水面蓄水景观，红水河两岸翠绿、碧水中流等特色景观。

（4）文化——融入地域文化，展示临夏文化主题元素，打造文化节点。

（5）宜居——居家伴碧水，举目望青山；注重休闲、宜居品质。

（6）魅力——营造水、园林、路、桥等特色，展现临夏市城市特质。水景观区域融入灯光，引入音乐喷泉、水幕电影等光彩设施，营造优美的夜景。

2.3 规划目标

临夏市水系防洪及生态环境治理工程规划河流为大夏河和红水河，规划治理范围为大夏河自上游老鸦关河支流口开始，至下游老虎嘴水电站，治理河道长约 28km。其中老鸦关至畅沁园大桥段长 12km，畅沁园大桥至水厂取水口以下 1.0km 河段长 6.5km，取水口以下 1.0km 至老虎嘴电站河段长 9.5km。红水河自分洪道开始至大夏河汇入口，治理长度为 11.7km。

本工程遵循人水和谐的治水理念，顺应现代化城市水利要求，以水系综合规划为纽带，充分利用区域内地表水资源，营造水系景观，打造"水系环绕"，构建临夏"二带、五园、三廊、多节点"的总体景观格局，实现"漓水绕城、田园绿城"目标。

在确保市区防洪安全的基础上，营造优美的城市河流生态景观，把临夏建成集"山、水、园、林"为一体、地域文化特色鲜明的生态型园林城市和旅游胜地。

3 工程规划设计
GONGCHENG GUIHUA SHEJI ....●

3.1 总体布局

临夏市区，河流水系得天独厚，自然景观资源丰富，文化积淀深厚。本次水系规划在对境内河流总体规划的基础上，充分立足于现有河流和市区公园景点资源，结合境内地形地貌和河流特性，进行合理的水系连通环绕规划。

规划以大夏河、红水河为主线，以大夏河和红水河市区河段水系景观为重点，突出其辐射作用，河流水景观、人工湖、市区公园等星罗棋布点缀市区，水系相通，环绕相连。规划重点在大夏河市区河段打造规模大、特色鲜明的蓄水景观带，红水河市区河段打造富有民俗风情的滨河水系生态景观廊道，构建临夏"二带、五园、三廊、多节点"的总体景观格局，带动整个城市建设的发展。

二带指大夏河蓄水景观带、红水河滨河水系生态景观带；五园指大夏河滨水休闲生态公园、东郊公园、枹罕公园、红园、南园公园；三廊风情廊（大夏河）、民俗廊（红水河）、生态廊（分洪渠）多节点指景观带中不同主题的节点景观。

水系工程是一个系统工程，涉及城市河道水利及防洪、泥沙、污水、两岸景区美化和开发等综合性项目。

3.2 分项规划

3.2.1 大夏河规划

大夏河综合治理范围自上游老鸦关支流河口开始，至下游老虎嘴水电站，规划治理河道长约28km。

就目前而言，自来水厂取水口以上18.5km上游河段两岸均为远郊农区，以下至老虎嘴电站区间9.5km下游河段为主城区河段。根据《临夏市城市总体规划》，大夏河28km规划治理河道范围未来均为规划城市用地，因此，本次规划从近期、远期，以及资金等方面综合考虑，对大夏河进行分段治理规划。

自来水厂取水口以上 18.5km 上游河段规划以防洪治理为主，以下至老虎嘴电站 9.5km 主城区河段规划以蓄水景观为主，滨河生态公园为辅，强化亲水性和蓄水景观，并对河道两岸进行美化、绿化、亮化，整体提升大夏河周边景观效果，打造大夏河蓄水景观带，形成城市中心一道亮丽的水景观走廊。

3.2.1.1 上游河段治理规划

自来水厂取水口以上 18.5km 上游河段，规划以防洪治理为主。

老鸦关至畅沁园大桥段长 12km，该河段两岸现状基本无堤防工程，河道外侧多为河滩地、耕地；畅沁园大桥至自来水厂取水口以下 1.0km 河段，长约 6.5km，目前有不连续的堤防工程，在该河段现状布置有多座电站、引水口等建筑物，距离主城区相对较远，规划以防洪工程为主，近期主要保护河道两岸人口及耕地，远期为城市防护区。

本次规划对该河段除规划新修防洪工程外，按照相应防洪标准对已成堤防进行加高加固处理，形成完整的防洪体系，提高整体防洪能力。

该河段现状河宽窄不等，结合前期相关防洪规划成果，规划确定该河段最小堤距按 150m 控制。自来水厂取水口以上 18.5km 上游河段，本次规划防洪堤线两岸全长 37km。

3.2.1.2 下游河段治理规划

自来水厂取水口至老虎嘴电站下游河段，长约 9.5km，是主城区河段，为本次规划的大夏河重点河段。

该河段现状河宽 95 ～ 170m，两岸已有堤防工程，本河段规划以蓄水景观为主，滨河生态公园为辅，形成优美的城市水景观。

根据河段的实际情况，二大桥以上河段河道较宽，右侧分布有一定规模的滩地，拟在二大桥以上河段规划滨河休闲生态公园。自二大桥以下河段，规划该河段在满足防洪安全的前提下，通过工程措施修建挡水建筑物，形成蓄水景观，同时对两岸堤防进行改建，修建亲水平台、码头等亲水设施。基于两岸城区分布情况和城市规划情况，兼顾二大桥、联谊景观桥、一大桥、三大桥等交通桥梁景观，充分考虑工程的最优性价比。通过营造生态绿地及景观水面，恢复河道生态功能，充分体现人与自然的亲和性，提升大夏河整体景观效果，构建大夏河蓄水景观带，旨在该区域营造出水（景观水面）、绿地（滨河生态公园）、桥梁、路为一体的优美景区，形成临夏市城区一道靓丽的风景线，重现母亲河风采。

本次于二大桥以上河段规划滨河休闲生态公园一处，长约 1.45km，最宽处约 200m，公园面积约 15 万 m^2（225 亩）；自二大桥上游 300m 开始，下至东郊公园下游（三大桥下游约 1.5km）规划为蓄水景观区，规划共布置橡胶坝 14 座，形成 14 级连续的水面景观，蓄水面总长度约 7.0km，水面宽度为 95 ～ 170m，水面面积约 81 万 m^2（1215 亩），一次蓄水量 160 万 m^3。

3.2.2 红水河规划

本次规划红水河的治理范围为红水河分洪道至红水河入大夏河河口，治理长度为 11.7km，治理河段蜿蜒流经临夏市城区。

根据红水河蜿蜒流经临夏市城市密集区的特点，红水河规划方案可有两种：①将红水河全封闭；②维持红水河水系，进行景观综合治理。红水河全封闭方案可增加城市建设用地，封闭的红水河可作为城市排洪排污通道，脏乱差的环境也可以得到解决。但封闭方案使千百年来蜿蜒于城中的红水河风采不再，母亲河成了地下河，城市水系被破坏。封闭方案有悖于城市建设目标，有悖于打造城市水系的宗旨。因此，本次规划保持红水河水系环绕城市的总体格局不变，进行景观综合治理。

红水河规划包括三部分：①对排入河道内的城市污水进行统一拦截，集中排放，并对现状河道进行清淤；②堤防工程规划；③红水河景观规划。

红水河景观规划的前提必须是对排入河道内的城市污水进行统一拦截，集中排放。同时对无堤防河段规划新修堤防，对已建的城市段硬质化衬砌断面和护坡进行生态修复和生态化工程改造，确保城市防洪安全和堤防生态化。

在此基础上，规划红水河以恢复河流自然流态为主，通过工程措施自大夏河引水入红水河，初步规划引水流量 2.0m³/s。让市区内的红水河清水流动，河道内间隔布置低堰、跌水等建筑物，形成跌水景观，并与沿线的红园等公园水系连通。同时，沿红水河两岸规划宽度约 20～30m 的景观绿化带，拓展河岸周边视觉空间，打造富有民俗风情的滨河水系生态景观带，彻底解决红水河脏乱差现象，改善红水河周边生态环境，提升城市品位，为市民提供一处优美的休闲娱乐场所。

3.2.3 红水河引水工程规划

红水河是一条季节性河流，降雨主要集中在每年的 7—9 月，平时河道流量较小，要恢复河道清水自然流态，除汛期流量相对较大以外，其他时段流量较小。因此，要形成一年四季清水流动景观，需要采取一定的工程措施，进行补水。

从径流、补水工程投资到对其他取水工程的影响等多方面分析，规划拟从大夏河引水入红水河。规划在大夏河东西川灌区罗家堡引水口附近修建引水工程，引水进入红水河，水流经过引水渠道进入红水河，然后经过红水河市区河段，再回到大夏河，使大夏河与红水河相连贯通，河水环绕城市，让红水河清水流动起来。规划在红水河现状水源条件不变的情况下，自大夏河引入景观用水，初步规划引水流量为 2.0m³/s。

4 创新与展望
CHUANGXIN YU ZHANWANG ·······························•

该工程匡算总投资约 9.2 亿元。临夏市水系防洪及生态治理工程的建设，将使大夏河现状杂乱的河滩被优美的人工湖泊和绿地所代替。红水河将彻底改变脏乱差的局面，呈现出"两岸翠绿、碧水中流"的滨河景观廊道。市区内星罗棋布点缀滨水公园、炮竿公园、东郊公园、红园等特色景点。工程突出一个"水"字，强化一个"绿"字，体现一个"美"字。整个市区呈现出"二带、五园、三廊、多节点"的总体景观格局，成为"漓水绕城、田园绿城"、地域文化特色鲜明的生态型园林城市。

　　工程的实施将极大地改善城区环境，带动沿河两岸及周边区域土地开发，提升临夏市的城市品位。对于拉大城市骨架，完善城市功能，丰富城市内涵，改善城市人居环境和投资环境，提高城市综合竞争力，实现临夏市社会、经济、环境的协调发展，具有十分重要的意义。

甘肃省临夏市大夏河三十里风情线防洪及生态治理工程规划

1 工程基本情况
GONGCHENG JIBEN QINGKUANG

1.1 自然地理

临夏市，隶属临夏回族自治州，是临夏回族自治州州府所在地和全州政治、经济、文化中心。临夏市地处黄河上游，平均海拔 1800m，距省会兰州 150km，为甘肃省西南部中心城市，史称枹罕、河州，素有"茶马互市"、西部"旱码头"和"河湟雄镇"之称，享有"花儿之乡""彩陶之乡"和"牡丹之乡"的美誉。

临夏市地形西南高，东北低，南面以南龙山，路盘山为屏障，北依山源头。地势自西向东北倾斜，全市平均海拔 1917m，最大高差 398.3m。市区坐落于大夏河下游的河谷川地。临夏市域为北原坡、南龙山、路盘山、凤凰山合围的黄土高原带状河谷阶地。大夏河穿境而过，牛津河、红水河在市区汇入大夏河后，随大夏河注入黄河。临夏地质构造系祁连山褶皱带，临夏—临洮向斜盆地的西部边沿，秦岭与祁连山的交接所在。

辖区内有黄河一级支流大夏河，另有红水河、牛津河为大夏河一级支流，境内水资源丰沛。临夏市属温带半湿润气候，具有四季分明、昼夜温差较大的特点。年平均气温 6.7℃，极端最高气温 32.4℃，年平均降水量 484mm，蒸发量 1343mm，降水量年内变化较大，且比较集中，夏季多于冬季。全年无霜期 162 天。

临夏市总面积 89km^2，总人口 27 万，境内居住着汉、回、东乡、保安、撒拉等 18 个民族，以回族为主的少数民族人口占一半以上，是国内回族人口最集中的地区之一，具有浓郁的穆斯林风情和风俗文化，素有"中国小麦加"之称，也称"东方小麦加"。

大夏河景观布置总平面图

1.2 工程现状及存在问题

1.2.1 工程区河段现状

临夏市水资源丰富，市区内河道、灌溉渠道成网状分布，大夏河自西向东穿城而过。在市区河段沿线有红水河、牛津河等多条支流汇入大夏河，并分布有多个电站、灌区引水口、桥梁等建筑物。

本次设计范围为临夏市大夏河主城区河段的一大桥至三大桥下游 1.45km，河道两岸基本建有堤防工程。河道较为规整，河槽宽浅、滩槽不明显，河道平均比降 7.45‰ 左右，局部河段比降达 10‰ 左右。由于河床比降大，水流冲刷严重，局部堤防基础有破坏、吊空等现象，治理河段位于临夏市主城区，地理位置十分重要，是防洪重点区段。

治理河段两岸堤防均为堤路结合，其中左岸堤防为浆砌石挡墙结构，右岸堤防为复式梯形结构。河道两岸滨河路与堤防之间均进行了绿化、美化，布置有宽窄不一的绿化带及人行步道，其中右岸绿化带相对较宽，为已经建成的 10 里牡丹长廊。

大夏河工程区设防标准为 50 年一遇，现状河道宽度 91 ～ 120m。本次设计河段范围内建有 1 座大桥，位于工程起点，在工程下游段建有 3 座大桥，另有红水河、牛津河两条支流汇入大夏河，红水河自大夏河左岸汇入，牛津河自大夏河右岸汇入，汇入口位于红水河汇入口下游约 380m 处。在三大桥上游约 280m 处建有和谐临夏广场，广场伸入河道内宽约 18m，为钢筋混凝土梁板结构。

工程区两岸有多处雨水、污水排水口。

1.2.2 存在的主要问题

工程区现状堤防经过多年运行后，在洪水冲刷侵蚀下部分河堤堤基遭到淘刷，左岸堤防因基础吊空失稳形成的病害段较多。就现状而言，工程区堤防工程的防冲安全有待进一步提高。

大夏河河道现状

　　大夏河自西向东穿过临夏市市区，是临夏市重要的水利命脉，是临夏市人民的母亲河，理应成为临夏市的形象河。

　　虽然大夏河穿城而过，但常年部分滩面裸露，不能为市区提供可供观赏的水面，没有形成大的水面景观。现状规模较小的滚水坝蓄水景观区淤积严重，河道内杂草丛生，这与城市风貌极不协调，与当地居民要求改善生态环境，提高生活质量的愿望相悖，也与城市环境改善和发展要求很不适应，影响了临夏市的整体形象，制约着城市经济的发展。随着城市的建设和人民生活水平的提高，对生态环境的改善要求越来越迫切，因此，改善市区河段水环境现状已成当务之急。

2 设计理念与目标
SHEJI LINIAN YU MUBIAO ....●

　　本工程治理范围为一大桥至三大桥下游1.45km，治理河段长度约5.514km。

　　工程的主要任务是在保障河道行洪安全的前提下，治理河道，加固堤防，修建橡胶坝，营造优美的城市河流生态水景观，恢复河道生态功能，体现人与自然的亲和性。通过本工程的建设，旨在对该区域营造出水（景观水面）、绿地（滨河生态公园）、桥梁、路为一体的优美景区，形成一道靓丽的风

大夏河蓄水区鸟瞰图 泵站效果图

景线，提升临夏市大夏河主城区城市品位。

本工程的定位为防洪安全是基础，功能是蓄水，形成景观水面，改善城市河道生态环境，把大夏河主城区河段建成集水利、旅游等多功能为一体的环境优美、风景秀丽，具有地方特色和历史文化特色鲜明的大夏河三十里风情线景区，同时确保城区防洪标准达到 50 年一遇。

3 工程规划
GONGCHENG GUIHUA ....●

3.1 总体布局

大夏河三十里风情线治理工程是一个系统工程，涉及城市河道水利及防洪、泥沙、污水、两岸景区美化和开发等综合性项目。

作为城市河道蓄水景观工程，如何解决汛期洪水、泥沙的安全下泄，以及蓄水景观工程自身的运行安全，是工程的关键。如何延长和维持蓄水景观的运行周期，同样是重点所在。全河槽蓄水方案淤积不可避免，且每年的主汛期洪水、泥沙量大，工程需要根据上游来水来沙量的大小，景观蓄水区采取低水位运行或全部塌坝泄空运行等相应的调度运行方式。主汛期 7—9 月无法正常蓄水，为此提出采用清洪分治理念，即采用工程措施来解决大夏河洪水泥沙与蓄水景观的矛盾。将治理段河道划分为蓄水区及行洪区两部分，由于左岸有红水河汇入，红水河水质差，拟将泄洪槽布置于左侧，可同时汇集红水河污水排入下游。因此，在靠近河道左岸堤防修建泄洪槽将河道一分为二，右侧为蓄水河槽。该方案将上游河道一定标准下的来水来沙与蓄水景观区分开，自泄洪槽通过，右侧蓄水槽为景观蓄水区。一定洪水标准下右侧蓄水景观区不受上游来水来沙的影响，可安全运行，减少了频繁塌坝，延长了每年蓄水景观区的运行周期。

啤酒广场效果图

临夏"春秋"广场夜景效果图

"丝路驼铃"广场效果图

3.2 工程措施

依据确定的防洪标准及《堤防工程设计规范》（GB 50286—2013），工程区河道防洪标准为 50 年一遇，相应左右岸堤防工程级别为 2 级。

本次治理河段自一大桥至三大桥下游 1.45km，治理河段长度约 5.514km。本阶段确定采用清洪分治二槽方案，设计于靠近左岸堤防堤脚布置 8 ～ 10m 宽的泄洪槽，泄洪槽采用钢筋混凝土矩形断面，槽顶部相间封闭为亲水平台，泄洪槽长度 4.70km，设计过流能力为 200 ～ 260m³/s。

右侧河道为蓄水景观区，蓄水区自上游引蓄清水，充水立坝蓄满运行。当上游河道来水流量低于 200m³/s 时，上游来水和泥沙均自泄洪槽排入工程区下游，景观蓄水区可正常运行，不受上游河道泄洪、排沙的影响。当上游来水流量超过 200m³/s 时，蓄水区塌坝或降低坝高运行，全河道过洪，以确保城市防洪安全。在泄洪槽进口布置副坝一座，坝长 8m，坝高 3.0m，平时塌坝，使来自上游河道的中小洪水自泄洪槽通过，在蓄水区需要补水时，副坝立坝，1 号橡胶坝塌坝，给蓄水区进行补水。

对于右侧的蓄水景观区，在适度调缓蓄水河槽河道比降的基础上，采用橡胶坝与跌水堰间隔布置，形成基本连续的蓄水梯级湖区，深水浅水相间布置。水景观可按水深情况划分为不同的功能区，如浅水嬉戏区、深水划船区、音乐喷泉区等。5.514km 治理河段共布设 10 座橡胶坝、3 座跌水堰，其中 1 号橡胶坝坝高 3.5m，其他橡胶坝坝高均为 3.0m，跌水堰高 0.5m，共形成 10 级基本连续的蓄水景观湖区，单级湖区长 500 ~ 600m，蓄水水深 0.1 ~ 3.0m。

工程采用清洪分治二槽方案形成的蓄水景观区长 5.228km，水面宽 79 ~ 106m，蓄水区面积为 47 万 m^2，一次蓄水量为 72.9 万 m^3。由于只在上游下泄流量超过 200m^3/s 的洪水时，右侧的蓄水景观区方塌坝泄空，与泄洪槽共同泄洪，因此，该方案在蓄水区水质满足的条件下，每年可大幅度减少塌坝次数，或多年蓄水运行，按平水年份，每年仅需为蒸发渗漏损失以及改善水质而进行补水，每年的运行蓄水量为 72.9 万 m^3（不含为改善水质、蒸发渗漏损失所需的补水量），充分节约了水资源，延长了蓄水运行周期。

橡胶坝的泵站控制系统均布设与右岸堤顶牡丹长廊绿化带内，共布设 5 座泵站。

3.3 蓄水区景观规划

"水在城中"是临夏市的空间特征之一，规划设计强调自然、文化、风情的城市滨水景观特征。根据河道在城市中所处的位置及不同的作用，在河道内设置码头、亲水平台等，供市民进行交流、集会等活动。整治河道水质，恢复水清、树绿生态水体，形成水、绿、人的交融，增强城市活力，滨河景观犹如一幅徐徐展开的画卷，呈现在市民面前，为城市滨水生态景观增添靓丽风采。

景观环境以人为本，构筑优美的景观环境，为市民创造舒适的生活环境，配套完善的服务设施，强化城市的文化气氛，以满足 21 世纪城市物质与精神文明的高需求。

根据临夏城市的地形环境特征，结合临夏的民族文化，吸取国内外滨河建设的成功经验，塑造一个具有时代特征，又具有临夏地域特色的滨水城市形象。

4 创新与总结
CHUANGXIN YU ZONGJIE ·································●

4.1 工程特点与难点

大夏河为多泥沙河流，具有汛期洪水量大、泥沙较多，非汛期水量和泥沙相对较少的特点，河道比降较陡，治理河段河道平均比降达到 6.9‰。作为城市河道蓄水景观工程，如何解决汛期洪水、泥沙的安全下泄，以及蓄水景观工程自身的运行安全，是工程的关键。如何延长和维持蓄水景观的运行周期，同样是重点及难点所在。为此通过对该河段河道特性分析，提出合理的方案，基本解决了蓄水与泥沙淤积矛盾问题，同时延长蓄水周期。

4.2 景观设计突显亲水功能

景观环境以人为本，构筑优美的景观环境，为市民创造舒适的生活环境，配套完善的服务设施，强化城市的文化气氛，以满足 21 世纪城市物质与精神文明的高需求。

根据临夏城市的地形环境特征，结合临夏的民族文化，吸取国内外滨河建设的成功经验，塑造一个具有时代特征，又具有临夏地域特色的滨水城市形象。

4.3 环境保护措施完备

工程建成后能彻底解决大夏河河道脏乱差的面貌，改善河道水环境和生态环境，恢复河道生物多样性。工程建设能够极大改善城市环境质量，美化环境，提高人民生活质量，拉大城市发展格局，并带动旅游、地产、商业等相关各业蓬勃发展，增加区域经济规模，促进经济社会协调可持续发展。

4.4 工程效益显著

工程建成后，昔日杂乱无章的河滩将被一片人工湖泊所代替，改善了城市人居环境和投资环境，提高城市综合竞争能力，由此将带来巨大的社会效益。

该工程主要目的是改善城区生态环境质量，最大可能的保持生态平衡，以促进经济建设的发展，工程实施后，将具有美化城市、调节气候、涵养水源、净化空气和土壤，降低灰尘以及为居民提供优美、舒适的生活环境和娱乐健身场所等多种功能。

工程建成后，河道两岸生机盎然，通过水系、绿地的交融，创造出独具特色的城市景观，带动沿河两岸及周边区域的土地开发建设，并对当地经济的发展产生联动效应，从而促进临夏市社会经济的可持续发展。

甘肃省康乐县城区水系
综合治理工程

1 工程基本情况
GONGCHENG JIBEN QINGKUANG ....●

1.1 地理位置

康乐县隶属于甘肃省临夏州，位于甘肃省中南部，临夏回族自治州东南，洮河下游西侧。介于东经 103° 24′ ~ 103° 49′，北纬 34° 54′ ~ 35° 27′ 之间，东临临洮、渭源县，西接和政县，南与临潭、卓尼县接壤，北为广河县。县境南北长 56km，东西宽 39km，总面积 1083km²。

康乐距兰州市 114km，距临洮县城 30km。省道定新公路 (S311)、康蒿公路 (S317) 贯穿全境，县城距兰（州）—临（洮）高速公路仅 10 余 km。由于兰临高速的修建，康乐与兰州的时空距离约 1 个多 h，随着康乐—临洮二级公路的修建，康乐到达临洮将只需 0.5h，交通区位将得到明显改善。

1.2 工程背景

康乐县境内河流主要为洮河西岸支流的三岔河及其支流川河、苏家集河、胭脂河等，大致从西南流向东北，汇入洮河。本工程规划河流主要包括苏家集河、三岔河、中砥河和胭脂河。规划治理范围为苏家集河自上游规划的康飞路桥开始，下游至三岔河上规划的中园大桥下游 150m 处，治理河道长约 4.3km，其中苏家集河自上游康飞路桥至三岔河河口段长 2.7km，苏家集河与胭脂河汇入口至工程区终点三岔河长约 1.6km。

根据康乐县要求，本次将规划 3 ~ 5 号坝河段作为一期工程进行先期治理，治理段落上起西大桥上游约 530m 处，下至苏家集河、胭脂河两河交汇口以下约 300m，苏家集河、三岔河治理河段总长度为 1.6km，胭脂河治理范围为上起东大桥，下至入汇口，治理段长为 500m。

康乐县地理位置图

1.3 当地文化

北宋熙宁六年（1073 年）四月，王韶渡排河击败木征修筑康乐城（康丰乡道家村）、刘家川堡（流川乡古城村）。五月，诏名康乐城为康乐寨，刘家川堡为当川堡，并隶河州。

康乐县有农历三月二十八的紫松山

花儿会、农历四月初八至十三的蜂窝寺佛事大会、农历四月十五至十八的崇兴寺庙会、农历四月二十三至二十四的亥姆寺庙会、农历五月五日的二郎庙庙会以及农历六月初一至初六的莲花山花儿盛会。莲花山花儿是西北民歌"花儿"主要流派之一洮岷"花儿"的故乡。花儿会期间，方圆百里，数十万群众朝山赴会。届时歌手云集，商贾纷至，人流如潮，歌场似海。真是"洮水多情湾复湾，佳人簪珥压云朦。隔林风送莲花曲，姊妹又过姊妹山"。莲花山花儿是西北民族艺术一颗璀璨的明珠，享誉省内外，吸引了大批中外游客和采风者。

1.4 自然条件

康乐县是回族、汉族、藏族"茶马互市"，古丝绸之路经广河、通河州的要塞，也是西北地区各族人民经济交流的门户。境内河流水系丰富，主要为洮河西岸支流的三岔河及其支流川河、苏家集河、胭脂河等，大致从西南流向东北，汇入洮河。

全县耕地现有 34.8 万亩，占总面积的 24%，其中川地占 27.7%，林地面积 53 万亩，占总面积的 23%。天然草场面积 32 万亩，占总面积的 20%，其他占总面积的 23%。农作物以粮食作物为主，

莲花山三仙女

西峰窝寺门

药水峡

以春小麦最多，其次为青稞、蚕豆和洋芋、豌豆、玉米、糜子、谷子、大麦和荞麦等。经济作物有胡麻、油菜、药材、甜菜、大麻等。

康乐县境内的苏家集河、胭脂河、中砥河三条河流在康乐县城东北汇入三岔河，自县城东北流向虎狼关，穿过虎关大桥，至杜家咀入临洮汇入洮河。

苏家集河是三岔河的最大的一级支流，发源于康乐南部的八松乡尖石山南麓石灰岩大孤石下。苏家集河上游为太子山天然林保护区，中下游河谷地形平坦开阔，属黄土丘陵沟壑地区，总流域面积330km²，主河道长 78.8km，河道平均坡降 11.7‰。

胭脂河发源于白石山主峰南麓，胭脂河流域包括普巴河、草滩河、胭脂河均为丘陵沟壑区，总流域面积 163km²，主河道长 36.5km。

中砥河发源于石墩山右侧滑坡沟中，中砥河流域属黄土丘陵沟壑地区，海拔在 1890～2500m 之间，总流域面积 65.2km²，主河道长 24.1km。

1.5 水文情况

1.5.1 径流情况

根据康乐水文站 1981—2014 年 34 年资料统计，康乐站多年平均实测径流量 4257 万 m³。水文站控制流域上游为天然林保护区，无工业重镇，也无大的灌区，流域用水很小，水文站径流需还原的水量也很小，天然径流量近似等于其实测径流量，即多年平均天然径流量为 4257 万 m³。苏家集河河口、胭脂河河口、三岔河干流的多年平均天然径流量分别为 4407 万 m³、3069 万 m³ 和 7714 万 m³。

1.5.2 洪水情况

设计流域内有康乐水文站，且水文站处于本次工程区内，工程区设计洪水根据康乐水文站的洪水分析结果。康乐水文站有 1981—2014 年 34 年实测年最大洪峰流量资料。

工程河段控制流域与康乐水文站控制流域属同一流域，下垫面条件相近，苏家集河口段控制流域面积与康乐站控制流域面积相差很小，该段设计洪水直接采用康乐站的洪水分析结果，三岔河干流段及胭脂河河口段的设计洪水根据康乐站的洪水分析结果，采用水文比拟法推求。

工程河段设计洪水计算成果表

河段	流域面积/km²	P/%					
		1	2	3.33	5	10	20
康乐水文站	319	319	238	182	142	81.7	39.0
苏家集河口段	330	319	238	182	142	81.7	39.0
三岔河干流段	578	474	354	270	211	121	57.9
胭脂河河口段	230	256	191	146	114	65.7	31.4

1.5.3 泥沙情况

工程坝址控制流域面积 578km^2，根据康乐站实测泥沙资料分析，三岔河流域多年平均悬移质输沙模数为 291.5t/km^2。按此输沙模数进行计算，则工程坝址断面多年平均悬移质输沙量为 16.85 万 t。三岔河泥沙推悬比取山区河流中值为 0.20，坝址多年平均推移质输沙量为 3.37 万 t。

坝址输沙总量为悬移质输沙量与推移质输沙量之和，根据前述悬移质及推移质输沙量计算结果，坝址多年平均悬移质输沙量为 16.85 万 t，推移质输沙量为 3.37 万 t，输沙总量为 20.22 万 t。

1.6 工程现状及存在问题

县城城区治理范围内苏家集河、胭脂河、三岔河两岸堤防工程分布不连续，部分地段无任何防洪措施，现有的堤防防洪标准仅为 20 年一遇，未形成封闭有效的防洪体系，防洪能力低。根据康乐县新城区规划，要求城区河流防洪标准为 50 年一遇，工程区河流现状不满足 50 年一遇洪水设防要求，防洪标准有待进一步提高，防洪工程有待进一步完善，亟须整体提高城区防洪能力。

根据《甘肃省康乐县城市总体规划》，随着康乐县城新城规划的拓展，城区苏家集河段上游段即将纳入县城河段，整个规划的县城河段需形成完整的达标防洪体系，作为县城基础设施生命线的堤防工程，现状设防范围和现状堤防均不满足防洪要求，总体达不到县城规划所确定的 50 年一遇防洪标准。

本次水系防洪及生态环境治理设计，通过对治理河段河道进行防洪工程规划、河道清淤、堤防新建改建等措施，形成完善的县城防御体系，使县城城区段防洪标准提高到 50 年一遇，确保城市防洪安全。

胭脂河现状

苏家集河现状

　　虽然康乐县城区有三条河流穿城而过，但常年部分滩面裸露，杂乱，垃圾随处可见，尘土飞扬，生态环境恶劣，不能为县城提供可供观赏的水面，没有形成有效的水生态景观，更未充分利用河流资源服务于县城生态环境。胭脂河上现状规模较小的滚水坝蓄水景观区淤积严重，河道内杂草丛生、垃圾杂物淤积严重、污水横流，生态效果差，穿城而过的三条主要河流水环境恶劣。

　　通过对康乐县城区河道水系进行生态综合治理规划，修建引水工程、挡水工程，留住水，并形成优美的城市水景观。同时对堤岸两侧进行整体景观规划和开发规划，形成富有康乐县特色的生态园区，彻底改善县城河道及周边的生态环境，扭转县城缺水和绿色的局面，使康乐县城更加灵秀起来。

　　工程的实施对维系康乐县河道水体，改善河道生态环境，实现县城建设可持续发展，具有十分重要的现实意义。工程的建设可进一步改善县城的小气候，提高县城人居环境质量，增加县城人民与水的亲和性，使人和自然的关系更加和谐，同时为居民营造一个修身养性的最佳人居环境。

　　苏家集河自西向东，胭脂河由南向北蜿蜒流淌，将县城主城区包围，两河汇合后为三岔河，它们均是康乐县重要的水利命脉，是康乐县人民的母亲河，理应成为康乐县的形象河。

2 设计理念与目标
SHEJI LINIAN YU MUBIAO ....●

　　以科学发展观为指导，以人水和谐为治水理念，以保障县城防洪安全为前提，通过水生态修复、地域文化挖掘以及水景观建设，实施兴利除害、生态环境治理、水景观建设，实现康乐县人水和谐、生态环境与经济建设协调发展。

本工程设计充分挖掘康乐县的历史文化和民间艺术文化，并考虑人与生俱来的亲水性，将水体与人的精神需求紧密结合起来。加以强调和演绎，并赋予时代气息，将其融入到水系生态景观的设计之中，创造独具魅力的滨水活力空间。同时工程以"亲水、生态、文化、宜居、魅力"为核心，充分利用该地区水资源相对丰富的有利条件，通过对苏家集河、胭脂河以及三岔河生态综合治理，实现"居家伴碧水，举目望青山"的宜居品质。

本工程治理的目标是顺应现代化城市水利要求，充分利用城区河流水资源，在确保县城防洪安全的基础上，打造一条"时尚休闲，绿色生态"的景观廊道；"两岸翠绿，民族气息浓郁"的滨水活动带；一张展示康乐迈入"现代化城市"的城市新名片。

3 工程规划设计
GONGCHENG GUIHUA SHEJI ·····························•

根据苏家集河和三岔河河段特性及县城总体规划情况，本工程提出清洪分治方案。

作为城市河道蓄水景观工程，如何解决汛期洪水、泥沙的安全下泄，以及蓄水景观工程自身的运行安全，是工程的关键。如何延长和维持蓄水景观的运行周期，同样是重点所在。全河槽蓄水方案淤积不可避免，且每年的主汛期洪水、泥沙量大，工程需要根据上游来水来沙量的大小，景观蓄水区采取低水位运行或全部塌坝泄空运行等相应的调度运行方式。主汛期7—9月无法正常蓄水，为此提出清洪分治理念，该方案采用工程措施来解决苏家集河、三岔河洪水泥沙与蓄水景观的矛盾，设计将治理段河道划分为蓄水区及行洪区两部分。

治理河段河宽 40 ~ 191m，最窄处仅有 40m 左右，堤防工程按照最小河宽 60m 进行布置，在既要形成较宽的蓄水景观，又要设泄洪槽泄洪排沙的情况下，合理确定泄洪槽的规模和型式是本方案的关键。苏家集河 10 年一遇洪峰流量为 81.7m³/s，胭脂河 10 年一遇洪峰流量为 65.7m³/s，设计沿苏家集河及三岔河左岸布置泄洪槽，在胭脂河及汇入口以下的三岔河右岸也布置泄洪槽。经过计算，下泄 10 年一遇洪水时，苏家集河泄洪槽宽 8.0m，胭脂河泄洪槽宽 6.0m，布置泄洪槽后，将苏家集河、胭脂河低于 10 年一遇的洪水泥沙通过泄洪槽引至蓄水区下游。与此同时，对泄洪槽局部段顶部封闭为亲水平台，使泄洪槽兼具泄洪排沙和亲水平台的作用，同时与堤防形成整体，对堤防起到保护作用。

该方案很好地解决了苏家集河、三岔河洪水泥沙与蓄水景观的矛盾，又能解决泄洪槽景观效果差的问题，增加了蓄水景观区的宽度，蓄水景观效果最佳。蓄水区内仍采用低坝挡水，设计在苏家集河、三岔河共 4.3km 治理河段共布设 7 座低坝，坝高 2.5 ~ 3.0m，3 座跌水堰，堰高 0.5m，共形成 7 级基本连续的蓄水景观湖区，蓄水区总长 3.5km，单级湖区长 420 ~ 580m，蓄水水深 0.2 ~ 3.0m，水面宽 48 ~ 175m，景观蓄水区面积 28.4 万 m²（426 亩），一次蓄水量为 33.8 万 m³。

该方案在蓄水区水质满足的条件下，每年可大幅度减少塌坝次数，或多年蓄水运行不塌坝，每年仅需为蒸发渗漏损失以及改善水质而进行补水，每年的运行蓄水量为 33.8 万 m^3（不含为改善水质、蒸发渗漏损失所需的补水量），充分节约了水资源，并有效延长了蓄水运行时间。

该方案可把泄洪槽顶部封闭作为亲水平台或种植绿色植被，使泄洪槽兼具泄洪排沙和亲水平台的作用。该方案兼顾了左岸周边地区的发展，工程易于实施，左岸泄洪槽的设置对左岸堤防起到保护作用。

4 创新与总结
CHUANGXIN YU ZONGJIE

该工程在挡水建筑物选择上首次引进国外新型坝型——气盾坝。气盾坝是一种新型的气盾景观钢坝，由美国发明，在美国已经应用 30 多年，近年我国引进美国专利技术并发展为国产，开始有效推广应用。目前在北京市房山拒马河、江西宜黄、山东栖霞、洛阳伊洛河水生态示范区项目等工程均有应用。

气盾坝主要结构是固定在坝底的弧形钢制坝板和橡胶气袋，由一组弧形钢制盾板、一组橡胶气囊、一排基础锚固螺栓和一套气动充排气系统组成。挡水的弧形钢坝由 6 ～ 8m 钢板拼接而成，钢板与钢板之间采用 P 型止水。气盾坝采用弧形钢制坝板挡水，气囊隐藏在盾板之后支撑钢板，气囊不临水。

康乐县城区水系鸟瞰图

气盾坝主要优点为：①气盾坝塌坝时面板紧贴河床，不占用河道行洪断面，不碍洪，能够保证城区防洪安全；② 通过气盾坝快速塌坝，可实现库区泄水排沙，能够较好地解决库区泥沙淤积问题；③气盾坝相比橡胶坝、钢板闸，具有气囊体积小、不易被扎坏，充气时间和排气时间都很短，能够实现及时塌坝的特点；④支撑气囊隐藏在盾板之后，在行洪塌坝时，水中的漂浮物和滚石夹杂物越盾板而过，支撑气囊和附属系统不受水流冲刷和钩挂，气囊不易被扎坏。

气盾坝

气盾坝该坝型的缺点：①钢板后的气囊压力不一致时，可引起钢板之间的密封止水受拉，运行多年后易发生漏水现象；②坝顶不溢流时，坝体下游的气囊外露，外观较差，但可用彩色幕布遮挡。

总之，康乐县三岔河水系生态综合治理工程的建设对维系三岔河水体，改善河道生态环境，实现城市建设可持续发展，具有重要的现实意义。该工程的建设可进一步改善城市的小气候，提高县城人居环境质量，增加市民与水的亲和性，使人与自然的关系更加和谐，为市民营造一个休闲度假，舒适健康的"大美康乐"。

甘肃省肃北蒙古族自治县
党河防洪及生态治理工程

1 工程基本情况
GONGCHENG JIBEN QINGKUANG ....●

1.1 地理位置

　　肃北蒙古族自治县位于甘肃省河西走廊西端，酒泉市的南部和北部，辖地分为南山地区和北山地区互不相连的两部分，中间隔着敦煌、瓜州、玉门三县（市），两地直线距离 180 多 km。南北两部分总面积 66748km²，约占甘肃省总面积的 14.8%，为全省地域最辽阔的边陲县份。

　　南部坐落在祁连山脉的西缘、河西走廊西端的南侧，俗称南山地区。东与肃南裕固族自治县为邻，南与青海省天峻县接壤，西南与西部同阿克塞哈萨克族自治县毗连，北与敦煌市、瓜州县、玉门市衔接。地理坐标东经 94°33′~98°59′，北纬 38°11′~40°01′，东西最长处 410 多 km，南北最宽处 160 多 km，面积 35118km²。

　　北部飞地马鬃山地区位于河西走廊西段的北侧，古肃州之西北，俗称北山地区。东邻内蒙古自治区阿拉善盟额济纳旗，南望瓜州县和玉门市，西接新疆维吾尔自治区哈密地区，北界蒙古国戈壁阿尔泰省，国境线长 65.018km。地理坐标东经 95°31′~98°26′，北纬 40°42′~42°47′，东西宽 190 多 km，南北长 220 多 km，面积 31630km²。

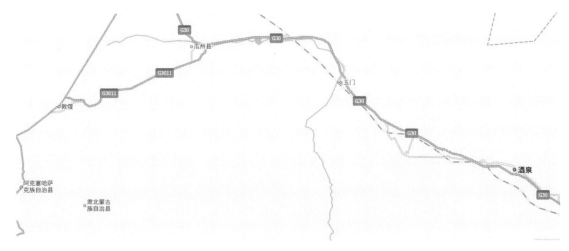

地理位置图

自然风光

民族服装

甘肃省
肃北蒙古族自治县

文字

盐池湾生态湿地

党河冰川

党河峡谷风情园

1.2 当地文化

　　肃北蒙古族自治县隶属张掖专区，截至 2008 年，肃北县有天然草场 4676 万亩，林地 10.97 万亩，耕地 1.2 万亩。南山地区天然草场约 2.53 万 km²，分为 7 类草场，可利用率 80%。草场分为灌丛草甸草场、草原化草甸草场、盐生草甸草场、荒漠草场等 4 种，此外还有少量荒漠化草场、草甸化草原草场和沼泽化草甸草场。

肃北蒙古族主要是清朝中后期从青海及新疆迁入，普遍信仰藏传佛教格鲁派，在多数人的宗教意识中残存着萨满教的影响。蒙古族饮食以肉、奶为主，粮食为辅，普遍嗜饮砖茶、奶茶。牧区多住容易拆搭、便于搬运的蒙古包。

蒙古族服饰式样繁多，男女老幼均喜爱穿长袍，束以腰带，着高可及膝的长筒皮靴。男子多戴蓝、黑、褐色帽或束红、黄色头巾，女子盛装时戴银饰点缀的冠，平时则以红、蓝色布缠头。男女都有佩戴耳环、戒指、手镯等饰物的爱好。

肃北蒙古族方言为蒙古语族卫拉特青海蒙古方言土语，兼有西部卫拉特方言和中部内蒙古方言的特点。

1.3 水文

1.3.1 流域概况

党河是一条较大的内陆河，发源于疏勒南山的崩坤达坂、音德尔大坂、大雪山、宰力木克和党河南山东部的巴音泽尔肯乌勒、克普腾伦达坂、古穆博里达岭的冰川群，源地终年积雪，有冰川分布。党河水源主要依靠冰川融雪水、泉水和降水补给，流域内有冰川336条，冰川融水年补给量约1.2302亿m³，约占党河全年径流量的34.9%。发源地海拔最高高程5620m，沿河道有野马河、清水沟河等较大支流汇入，山地植被较好。河流自东南流向西北于肃北县城东南约6km的水峡口流出山口，经过肃北县城向西北，至西千佛洞东山附近的党河水库折向北，引入敦煌市城区及党河灌区等地，消失于耕地、戈壁，潜入疏勒河。

1.3.2 气候条件

党河流域位于河西走廊腹地，远离海洋，地处蒙新荒漠地带，地理纬度和海拔较高，是内陆河流，气候类型属典型的干旱大陆荒漠性气候。气候干燥，年降水量少，蒸发强烈，日照时间长，冬季寒冷夏季热，温差大，多风沙。肃北气象站资料统计显示，工程区多年平均气温6.8℃，多年平均最高气温12.8℃，多年平均最低气温0.7℃，极端最高气温34.7℃（1977年7月14日），极端最低气温−25.1℃（1980年2月4日），多年平均年降水量158.0mm，平均年蒸发量2559.7mm，平均风速3.0m/s，最大风速18m/s，最大冻土层为1.28m。

1.3.3 水文基本资料

党河干流从1944年4月开始设水文站，从上到下先后设立了水文站多处。有党河川、沙枣园、西千佛洞、党城湾、党河水库、月牙湖等站。其中党河川、西千佛洞、沙枣园、月牙湖站已撤销，党城湾站、党河水库站现属甘肃省水文水资源勘测局管辖。两站均为国家基本水文站，资料精度较高，但资料系列长短不一。

党河工程治理段河道内的党城湾水文站有1966至今的实测洪水资料，资料精度较高，系列较长，系列完整，可靠性良好，控制流域面积14325km²。另外有1951年、1959年和1937年共计3年历史调查洪水资料，可作为本工程洪水分析计算的依据。

1.3.4 径流情况

1.3.4.1 径流特性

党河流域深居内陆，降雨稀少，在出山口以上，年平均降水为 200mm 左右，山口以外的平原区降水更少，在 140mm 左右。降雨基本上消耗于蒸发，除大暴雨外，一般不能形成地表径流。河川径流以地下水补给和冰川融雪补给为主，径流年际变化较大，但年内分配较均匀。4—8 月径流占全年的 56.2%，最枯 4 个月 11 月、12 月和次年 1 月、2 月占到全年的 21.7%。党城湾站实测最枯流量为 2.29m³/s，发生在 1965 年 12 月 20 日，次最小为 2.63m³/s，发生在 1975 年 12 月 15 日。

1.3.4.2 径流计算

党河干流治理段内的河道上没有大的支流汇入，区内有党城湾水文站，可直接利用党城湾水文站实测径流流量系列资料计算径流作为工程区设计径流计算的依据。党城湾水文站自 1965 年 9 月设站至今，测验项目全面、精度可靠。

依据党城湾站 1956—2009 年共 54 年还原后径流资料系列进行统计分析，党城湾站不同频率的设计年径流成果见下表。

党城湾设计年径流成果表

项目	单位	统计参数			设计流量 Q/（m³/s）				
		均值	C_V	C_S/C_V	15%	25%	50%	75%	85%
Q_o	m³/s	11.07	0.14	2	12.7	12.1	11.0	9.99	9.47
W_o	亿 m³	3.49			4.01	3.82	3.47	3.15	2.99

1.3.5 洪水情况

1.3.5.1 暴雨洪水特性

党河流域地处青藏高原和蒙新高原的走廊地带，气候干燥，降水少，受季风影响，时有局部暴雨发生，大面积的暴雨较少发生。暴雨历时短，一般不超过一天。暴雨出现时间多在 6—8 月。

党河的汛期有春汛和夏汛。春汛一般出现在 4—5 月间，历时一个多月，由低山积雪、地下水解冻及河冰融水形成，所形成的洪水峰低量小，造成的威胁不大。夏汛一般在 6—8 月间，历时 3 个月，主要是由大气降水和高山冰雪融水综合形成，以暴雨为主，洪水峰高量大，陡涨陡落，峰现时间短。对工程威胁较大的洪水，多发生在夏汛期。党河党城湾站实测最大洪峰流量 295m³/s，出现在 2006 年 7 月 8 日。

1.3.5.2 历史调查洪水

党城湾水文站河段附近有较可靠的历史洪水调查资料，据《甘肃省洪水调查资料（内陆河流域）》记载，党城湾河段历史调查洪水有 1937 年 Q_m=642m³/s、1951 年 Q_m=231m³/s、1959 年 Q_m=139m³/s、1979 年 Q_m=259m³/s（实测），在党城湾上游不远处的党河口断面调查有 1868—1874 年的历史洪水，其洪峰流量为 872m³/s。

1.3.5.3 设计洪水计算

党河党城湾水文站自 1966 年开始有实测洪水资料，本次洪水分析实测资料系列采用 1966—

2010 年。由调查洪水和实测洪水资料组成的不连续样本系列进行频率分析计算，采用矩法初估统计参数，采用 P-Ⅲ型曲线适线，党城湾站不同频率设计洪水成果见下表。

党城湾设计洪水成果表

站名	F / km^2	设计流量 Q/（m^3/s）						
		0.5%	1%	2%	5%	10%	20%	50%
党城湾	14325	826	673	526	347	226	128	52.9

1.3.6 泥沙情况

党河流域径流由地下水、冰川（雪）融水和降水三部分组成。由于该流域气候干燥降雨少，地表植被较差，当降雨形成地表径流时，地表将被冲刷，水流挟沙入河，成为河道泥沙的主要来源。河流泥沙主要来自洪水期。

党城湾水文站 1972 年开始测沙、统计资料为 1973—2010 年（n=38 年），多年平均悬移质输沙率 21.66kg/s，多年平均悬移质输沙量 68.34 万 t，侵蚀模数 47.71t/（m$^2 \cdot a$），多年平均悬移质含沙量 1.96kg/m^3，实测最大含沙量 292kg/m^3。推移质输沙量采用推悬比 20%，则年推移质入库沙量为 12.91 万 t。则工程区年总输沙量为 81.25 万 t。

1.3.7 冰情

党河位于大陆腹地的内陆河流，其气候特点为冬季寒冷、夏季炎热、温差大，降水少、蒸发大，多风沙，属典型的大陆性气候。根据肃北县气象站观测资料分析，多年平均气温 6.3℃，极端最高气温 34.7℃，极端最低气温 -25.1℃，最低水温为 0℃。

党河党城湾水文站有 1965—1980 年共计 16 年冰情观测资料，由资料统计该站最早初冰日期为 10 月 2 日，最晚初冰日期为 11 月 9 日，全部融冰最早日期为 3 月 4 日，最晚日期为 5 月 4 日，冰期天数最长 124d，最短 22d，平均 73d。大部分年份的冰期出现在封冻现象，实测岸冰厚度最大 0.97m。

1.4 工程地质

1.4.1 区域地质概况

1.4.1.1 自然地理概况

肃北蒙古族自治县位于酒泉市西南侧，党河南山北部，党河由南东至北西直穿县城而过。地势由南西向北东倾斜。

本次堤防工程位于肃北蒙古族自治县城段，党河由南东至北西直穿县城而过，河道比降约为 2% 左右，属微弯型河流，河岸低矮，抵御较大洪水能力较差。

1.4.1.2 地形地貌

党河流域地貌大体可分为上游祁连山、中游沙漠戈壁区和下游平原三个区域。其中上游祁连山区地形高亢，山顶终年积雪，且有冰川分布，为党河径流产区。党河出水峡口至党河口段为中游沙漠戈壁区，两岸戈壁连绵，除肃北县附近有少量土地引用河水灌溉外，其余均为荒漠戈壁。党河口党河水库以下属下游平原区。

工程区即位于党河中游沙漠戈壁区，党河自南东至北西过工程区，在工程区形成党河河谷微地貌单元，发育有Ⅰ～Ⅲ级内迭堆积阶地，阶面高差2～10m，局部残留Ⅳ级阶地。阶地较窄、较平坦，阶地面微向河床倾斜。Ⅰ级阶地高出河床一般1～2m，Ⅱ级阶地高出Ⅰ级一般3～5m，Ⅲ级阶地高出Ⅱ级一般5～10m。其中县城段受人为影响，Ⅰ、Ⅱ级阶地发育不完整，Ⅲ级阶地发育较为完整，向两岸逐渐过渡为冲洪积倾斜平原区，为肃北县城主体，本次工程位于肃北蒙古族自治县城段，此段河床宽浅，漫滩发育，受洪水作用，河床、河漫滩呈游荡型。

1.4.1.3 地层岩性

工程区出露的地层主要为第四系松散堆积物，地层构成物质主要是河谷中洪、冲积物质和部分风积沙，地层岩性由老至新叙述如下。

（1）堆填土层，零星分布于工程区党河两岸，为原党河堤防人工填筑砂砾石层。

（2）风积沙（Q_4^{eol}），浅黄色，结构松散，层厚0.3～0.5m，仅零星分布于工程沿线。

（3）（Q_4^{al-pl}）全新统洪积层，分布于肃北县城段，呈狭长条带状分布于党河河床，以砂砾石、卵石及多种岩石碎屑为主，泥沙质充填，磨圆度较好，多为长年流水作用形成。遍布工程区，厚度大于10m，结构松散，其上部含有较多砾石，松散状，局部可见风积斜层理。下部为冲、洪积砂砾卵石层，分选性差，结构松散，具斜层理，夹粉细砂薄层及透镜体，骨架颗粒部分接触，大小不均，成分为砂岩，石英岩等硬质岩，最大卵石粒径30～50cm，充填物为粉细砂及粉土薄层，无胶结。

1.4.2 地质构造与地震

肃北县城段大地构造位于天山至阴山东西向构造带中段南侧和"祁、吕、贺"山字形构造西翼反射弧顶部，其构造形迹以东西向褶皱轴面和冲断裂等扭性结构面展开，形成了NNW～SEE或SWW～NEE向断裂和隆起，构成了串珠状山间断陷盆地以及山前凹陷平原，并在山前冲、洪积扇区堆积了很厚的第四系中、上更新统的砂卵砾石层。

根据1：400万《中国地震动参数区划图》（GB 18306—2001），肃北县城段50年超越概率10%时地震动峰值加速度为0.20g，地震动反应谱特征周期为0.40s，相应地震基本烈度Ⅷ度。区域构造稳定性较差。工程所有水工建筑物应按动态峰值加速度0.20g，相应地震基本烈度为Ⅷ度区设防。

1.4.3 水文地质条件

根据工程区地层岩性、地形地貌及地下水赋存形式、水力特征分析，区内地下水按成因类型可分为基岩裂隙水和孔隙性潜水。基岩裂隙水赋存于河谷两岸及河床基岩内的断层、裂隙及其破碎带、影响带中，主要靠大气降水（高山融雪水）和深部裂隙水补给，以下降泉形式向党河排泄。孔隙性潜水主要赋存于河床、沟谷中各种成因的覆盖层中，直接受河水和两岸基岩裂隙水补给，最终向党河排泄。

1.4.4 河道特性

党河流域地貌可分为上游祁连山区、中游沙漠戈壁区和下游平原三个区域。其中上游祁连山区地形高亢，山顶终年积雪，且有冰川分布，为党河径流产区。党河出峡口至党河水库段为中游沙漠戈壁区，两岸戈壁连绵，除肃北县附近有少量土地引用河水灌外，其余均为荒漠戈壁。党河水库以下属下游平原区。

本工程区位于党河南山北侧山前冲洪积扇与沙漠戈壁区的过渡地带，党河自南东至北西过工程区，在工程区形成党河河谷微地貌单元，两岸发育有Ⅰ、Ⅱ、Ⅲ级阶地，其中县城段受人为影响，Ⅰ、Ⅱ级阶地发育不完整，Ⅲ级阶地发育较为完整，向两岸逐渐过渡为冲洪积倾斜平原区。

党河治理段河床宽浅，漫滩发育，并零星发育有阶地。该段河道比降大、水流湍急，河道分叉多滩，主流游荡不定，河漫滩最宽处约210m，最窄处宽约80m，河道平均比降约20‰。河势受人类活动影响，河段右岸因修建电站引水渠已占用了部分河道，河道内采砂对原河床及漫滩造成了严重破坏，目前河床内心滩砂砾堆积，洪水期主流分左右两汉，受洪水冲刷塌岸毁田的问题十分严重，河势受其影响极不稳定。工程区凹岸以侧蚀冲刷为主，凸岸以淤积为主，但河道冲淤总体上基本保持平衡。

1.5 工程现状及存在问题

1.5.1 防洪能力有待进一步提高

工程区河段现状基本无堤防工程，局部只有少量堤防工程，且标准不满足设防要求，就现状而言，规划河段未形成完整的防洪体系，洪水淹没和冲掏岸坎现象严重加之河道杂乱，整体不满足肃北县城20年一遇洪水设防要求，防洪体系有待进一步完善，防洪标准有待进一步提高。工程区河段两岸均分布有大面积的天然湿地，随着湿地保护工程的实施，对防洪工程的要求也相应提高。为使党河治理段河道形成一个统一完整的防洪系统，促进肃北蒙古族自治县经济持续快速健康发展，提升县城对外的形象和自身的魅力，保证当地经济快速、协调的发展，以及推进肃北蒙古族自治县城区建设进一步发展，应尽快彻底治理该河道，美化周边环境。建设该工程是必要的，也是迫切的。

1.5.2 水环境恶劣

肃北县城河段建有多级电站，发挥了经济效益，但肃北县城段党河河道现状杂乱，城区河段多处于干涸状态，没有可供观赏的水面，常年大部分滩面裸露，随着城市建设和人民生活水平的提高，改善生态环境的愿望越来越迫切，因此，进一步改善市区河段水环境现状已成当务之急。

2 设计理念与目标
SHEJI LINIAN YU MUBIAO ....•

2.1 设计理念

（1）以城市防洪安全为前提，保持党河泄洪排沙基本功能，采用清洪分治理念恢复水生态。

（2）以水生态修复为重点，实现党河水库、灌区渠系水、城区河道生态蓄水水系一体化循环利用理念。

（3）赋予城市河流安全性、亲水性、生态性、景观性、地域文化性等城市综合服务功能，营造城市河流水生态廊道。

2.2 设计目标

肃北县党河防洪及生态治理工程治理范围上起拉排四级电站，下至芦草湾党河大桥，治理河段全长 7.7km，其中主城区段范围上起拉排四级电站，下至肃阿大桥，主城区段治理长度 2.6km。

本工程治理的目标是顺应现代化城市水利要求，充分利用城区河流水资源，在确保县城防洪安全的基础上，修建橡胶坝等建筑物蓄起一片水面，改善城市水生态环境，旨在重现"水清、岸绿、景美"的河流水生态，构建人、水、自然和谐相处的人居环境。

3 工程规划设计
GONGCHENG GUIHUA SHEJI ....●

3.1 总体布局

肃北党河防洪及生态治理工程是一个系统工程，涉及城市河道水利及防洪、泥沙、污水治理、两岸景区美化和开发等综合性项目。本工程主要考虑蓄水及滨河生态园区工程规划，治理河段防洪工程已有专项设计，在蓄水工程实施时，结合亲水布置，改建部分堤防为亲水平台，截污工程本次暂不列入。

本次规划范围上起拉排四级电站，下至芦草湾党河大桥，治理河段长 7.7km，本次规划河段现状河宽 80 ~ 210m，比降为 20‰。基于党河治理河段的基本特性及水沙条件，规划将 7.7km 治理河段划分为上、中、下三段，分别治理，赋予不同的定位和治理思路。

上段——拉排四级电站至肃阿大桥段，长约 2.6km，属肃北县城主城区河段，为本次重点治理河段。规划以蓄水景观为主，滨河生态公园为辅，强化亲水性和蓄水景观，并对河道两岸进行美化、绿化、亮化，整体提升党河肃北县城段周边生态景观效果。

中段——肃阿大桥至兆丰电站段，河道长约 2.3km，该河段两侧地形较高，规划以防洪工程建设为主，结合防洪工程的实施，在合适的位置修建低坝，集中该河段落差，形成瀑布景观。

下段——兆丰电站至芦草湾大桥段，河道长 2.8km，规划在满足防洪安全的前提下，以湿地公园为主，按照已完成的芦草湾段规划进行实施。

3.2 分项设计

3.2.1 县城段（上段）治理思路

拉排四级电站至肃阿大桥河段长约 2.6km，现状河道宽 130 ~ 210m，河道平均比降约 21‰，工

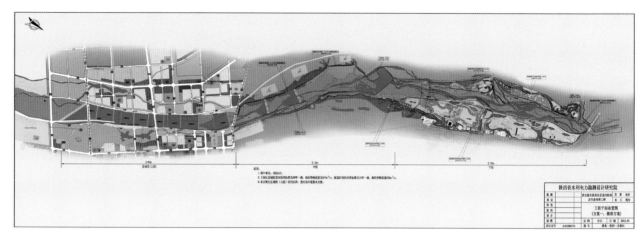

党河防洪及生态治理工程平面布置图

程区左岸在肃阿大桥上游有红沟汇入，沟道上游段基本平行于党河走向。右岸依次分布有拉排四级电站，银河电站，拉排四级电站尾水渠道顺右岸岸边布置，向下游排入河道内，银河电站尾水渠道位于规划的右岸堤防堤线外侧，在肃阿大桥上游约350m处进入党河河道，然后再次经过建筑物汇集后，通过引水渠道引至下游兆丰电站，该部分引水渠道也位于规划堤线外侧。该河段有两座桥梁，分别为西大桥及肃阿大桥。

根据县城河段的河流特性，结合周边城市建筑、道路、桥梁等设施，进行合理的水景观规划。规划主城区河段以蓄水景观为主，滨河生态公园为辅。在满足防洪安全的前提下，通过工程措施，修建挡水建筑物，形成蓄水景观，同时新建及改建两岸堤防，在岸边较高滩地新建滨河生态公园，建设亲水平台、码头等亲水设施。

该河段蓄水景观治理的重点技术问题主要有：①泄洪和排沙安全问题；②泥沙淤积问题；③蓄水景观总体布局及运行周期问题。因此，本次规划基于党河县城河段的基本特性、水沙条件、城市规划情况及两岸支流汇入情况，综合考虑防洪、泥沙冲淤、投资及景观要求等诸多因素。

上段治理思路主要是充分利用左岸红沟进行分洪，党河全河道蓄水方案。根据党河及红沟地形分布条件，可以通过工程措施，将一定标准的党河洪水在拉排四级电站附近引入红沟。拉排四级电站至肃阿大桥河段党河可以全部作为蓄水区，形成蓄水景观水面，在靠近右岸堤线位置，可以根据地形条件，形成一定规模的滨河公园。党河5年一遇洪峰流量为128m³/s，10年一遇洪峰流量为226m³/s。工程区段红沟最窄处宽约30m，其他段沟道宽度都在50m以上，为了减少蓄水区过洪水几率，初步确定分洪流量按党河10年一遇控制，即红沟分洪流量为226m³/s，规划对红沟进行河道疏浚，修建两岸堤防工程，使其可以安全通过分洪洪水，红沟治理长度约5.27km。

该河段党河两岸除西大桥下游右岸局部有堤防外，其他段均无防洪工程，本次规划拟对已建堤防进行改建，以满足城市防洪及亲水景观要求，对无堤防河段，结合已经完成的防洪工程初步设计成果，综合考虑蓄水区挡水建筑物的布置以及蓄水区亲水效果的基础上进行建设。

党河河道采用全断面蓄水方案，蓄水区在适当调整比降的基础上，集中落差，采用梯级蓄水布置。该河段内有两座桥梁，两座电站及引水、尾水渠道，为了使蓄水区形成的景观效果最佳，挡水建筑物

上段鸟瞰效果图

布置时不能影响现有电站的正常运行，还要使桥梁等主要交通要道附近蓄水景观效果较好。规划拟在西大桥、肃阿大桥下游布置挡水建筑物，使两座桥梁均处于蓄水区中部，其他段挡水建筑物布置时，应该避开拉排四级电站尾水，兆丰电站取水口位置，根据河道地形进行剩余段河道蓄水布置。在工程最上游党河河道修建堆石坝临时封堵，小于10年一遇洪水自红沟分洪通过，超过10年一遇洪水标准时，进口段砂砾石坝在人工辅助下自溃，党河河道全河道行洪，充分保证市区城防防洪安全。

本方案是在科学处理洪水、泥沙与景观蓄水之间矛盾的基础上提出的分洪治水方案，有效解决蓄水与洪水泥沙的矛盾，既能在党河形成优美的蓄水景观和滨河生态公园，又能在党河和红沟分洪沟区间形成一个环形生态岛（36.4万 m^2，546亩），同时确保了设防标准下蓄水景观区的安全运行。

规划对2.6km河段适度调整比降，采用橡胶坝与跌水堰间隔布置方案，可形成蓄水长度2.1km，水面宽120～180m，上段共布置挡水建筑物8座，形成8级基本连续的蓄水水面，水面面积约412亩，蓄水水量41万 m^3。

3.2.2 中段治理思路

中段——肃阿大桥至兆丰电站段，河道长约2.3km。该河段现状两岸无堤防工程，河道相对较宽，在电站上游左岸有两条支沟汇入，支沟上游河段较顺直，河道两侧地形较高，其中右岸布置有电站引水、退水渠道。规划该河段首先进行防洪工程建设。在肃阿大桥至电站退水渠道之间布置两处低坝挡水，通过对河道的疏浚整理，形成一定规模的水面景观，电站退水渠道至兆丰电站之间维持现状河道不变，不影响电站的正常运行。两处低坝采用砼溢流堰，坝高3.0m，形成的水面面积为94亩，蓄水量9.4万 m^3。

芦草湾鸟瞰效果图

3.2.3 下段治理思路

下段——兆丰电站至芦草湾大桥段，河道长约2.8km。该河段河道较为平直，河床宽浅、主流游荡不定，河势摆动大，一般情况下，大中水河道冲刷漫溢，小水在河床内分汊交织，形成淤积沙洲滩。现状河床宽约80～210m，在工程区左岸有两处小沟道汇入，沟道水流的汇入，对右岸岸坎形成顶冲，现状岸坎冲刷严重，尤其是芦草湾大桥上游右岸，河岸被冲蚀后移，坍塌严重，影响到保护区内的耕地及湿地安全。

该河段右岸为大面积的天然湿地，随着湿地保护开发工程的实施，将打造为湿地景区，在防洪基础上兼顾自然、生态和美观。该河段设计理念在基本遵循已经完成的防洪工程初设成果的基础上，以生态防护为主，修建堤防护岸工程，以人水和谐和现代水利的治水理念为宗旨，放宽河道。堤线基本维持随弯就弯的自然状态，堤防边坡采用缓坡，护坡材料生态化，在确保防洪安全的基础上，注重生态美观，与周边湿地景观融为一体。

4 创新与总结

　　该工程主要在上段利用党河和红沟天然地形条件，在党河的左岸利用红沟进行分洪，有效解决蓄水与洪水泥沙的矛盾，既能在党河形成优美的蓄水景观和滨河生态公园，又能在党河和红沟分洪沟区间形成一个环形生态岛。

　　肃北党河防洪及生态治理工程的建设，将使党河现状杂乱的河滩被优美的人工湖泊和绿地所代替，党河将呈现出碧波荡漾的优美景观，"碧水中流"的城中河将成为肃北县城的滨河景观廊道。

开始构思这部书时，把陕西院在河湖生态治理方面一个个不同时期的工程放在了一张图上，惊喜地发现我们的项目以古城西安为出发点，走过咸阳、杨凌、宝鸡、天水、武威、酒泉、嘉峪关、敦煌一直到西域边陲的喀什，一路恰恰行走在古丝绸之路的沿线。这条承载着东西方文明交流的通道，悠悠的驼铃声、千年商队的背影依稀在梦里，长河落日、大漠孤烟的风景留在画中，曾是我们古代文明盛世的骄傲。今又逢盛世，我们水利人用自己辛勤的努力、以全新的治河理念改善着沿途城市的生态风景，在这条古老的丝绸之路上留下了我们一个个治水的足迹。丝绸之路像一条丝带串起了颗颗明珠：治理后的西安护城河成为彰显古城形象的重要窗口、成为古城西安的名片，被誉为历史文化名城保护与城市融合发展的典范之作；咸阳湖、宝鸡湖成为渭河滨河公园重要组成部分，是西北内陆城市难得的滨水空间；天水市藉河、渭河整治提升了周边区域环境水平，聚集了城市人气财气，为城市发展注入活力；武威渭河治理段被称为"天马湖"，夜晚来临时如织的人流、璀璨的灯光足以表达治理的成效；敦煌"党河风情线"与千年的莫高窟遥相呼应，一起成为旅游者流连忘返之地；塞上明珠王圪堵水库，花海、湿地、小岛、大坝、湖面相映成辉，诠释了人水和谐、自然共生的美景……

十多年来，我们的治水思路也在一步步完善中，由最初的单纯以防洪为主的河道整治，到考虑周边的绿化配置，再到河道本体与城市环境的融合，今天更上升到安澜河道、生态修复、文化渗透、服务区域环境、提升城市品位等为宗旨的多水共治、人水和谐的新理念。

西北的大部分地区一直是干旱缺水的，干涸的河流、漫天的沙尘几乎成了它的代名词，河流季节性的肆虐洪水又给依水而建的城市带来灾害、干旱季节从城市到乡村可见到一双双期盼天降甘露的眼睛。治理河道、修建蓄水水库最初的目的是兴利除害、解决生产生活的难题，随着生活水平的提高、生态文明建设的需求，如何能在缺水的西北地区利用河道、水库等水资源使其成为城市的风景线、水利风景区成为设计的方向。

设计人员在爱水又恨水中苦苦的探索：为保证河流行洪安全精确计算、为多泥沙河流如何蓄出一池清澈的水反复思索、为如何把古老的文明写进现代工程中绞尽脑汁、为解决城市水体黑臭水质恶化的解决方案遍查资料、为通过水体修复营造良好生物链提供生态保证寻方问道、为一个角落的景观营造精心雕琢……一个个难题抛出、一个个难关破解、一条条河流焕发新颜、一座座出高峡的平湖成为梦中的香格里拉。

掩卷而思，《道德经》中提到"上善若水"，而我们怀着对大自然的敬畏之心感慨"上善治水"。想想踏勘现场时的日晒风沙、测绘地勘时的风餐露宿、规划设计时的挑灯夜战、施工现场的千头万绪……心中有快乐也有心酸，但更多地是看到心中愿景通过手中蓝图变成现实的欣喜。送人玫瑰手留余香，我们造福了这片土地，这片土地也回报了我们成功的满足。

今天收录到书中的工程，是陕西院成百上千个项目的缩影，凝聚着院里上上下下所有人的辛苦与汗水。几代人的技术积淀、人才储备成就了我们今天的事业，值此设计院六十华诞之际，献上这样一本工程集锦，贺设计院花甲之喜、与各位同仁共勉！

在此要感谢项目业主及各地方主管部门对我们工作的支持和帮助，感谢项目周边群众对我们的理解和包容、感谢参建各单位的共同努力，感谢设计院几代前辈给我们留下的精神物质财富，更要感谢设计院参与工作所有同仁辛勤的付出，共同的目标让我们一路同行、共担风雨。

今天的总结是明天起步的基石，生态文明建设对河湖治理提出更高的要求。我们会按照治水新思路，遵循"创新、协调、绿色、开放、共享"的发展理念，努力营造"看得见山望得见水、记得住乡愁"的各具特色的水景，我们会有更好的作品，期待得到大家一如既往的支持。

2016年12月于西安

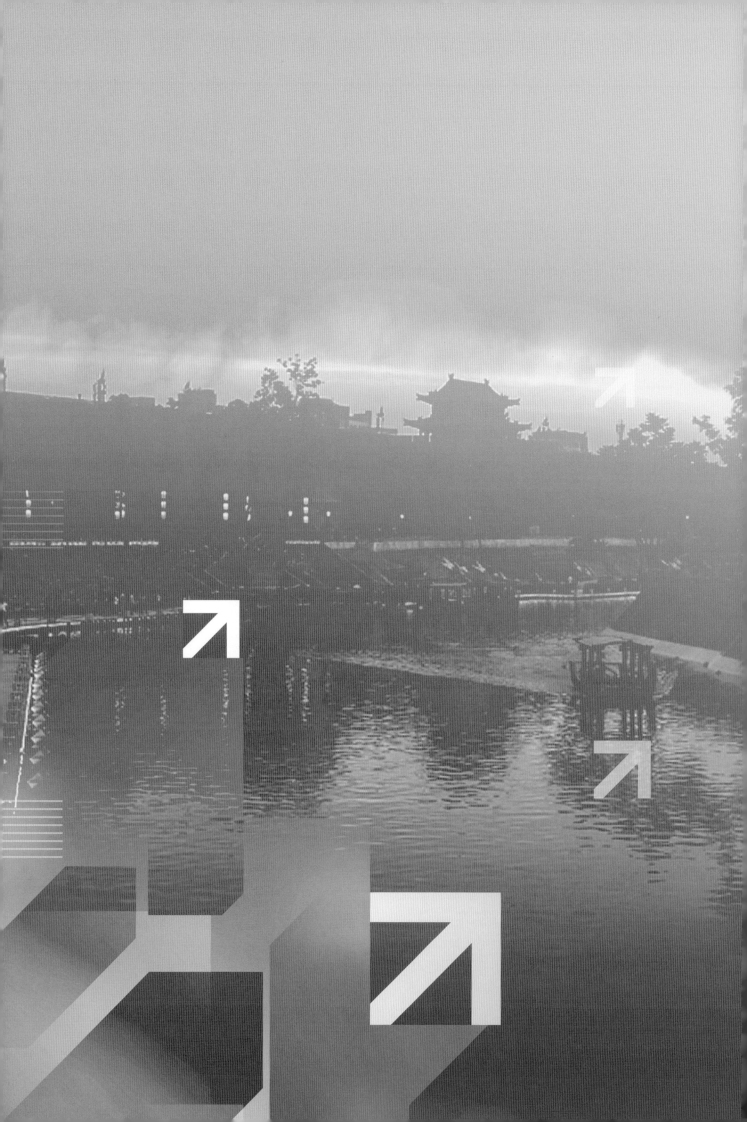

新丝绸之路
城市河湖水生态综合治理